输变电工程人工短路接地试验暂态参数测试与应用

马御棠 周仿荣 马 仪 彭兆裕 等 著

科 学 出 版 社

北 京

内 容 简 介

本书总结了云南地区开展的主要直流工程和串补工程建设过程中的人工短路接地试验经验，以期指导输变电工程人工短路接地试验的高效、安全开展。全书从现场试验的角度介绍了人工短路接地试验、直流工程和串补工程短路接地试验暂态电流及暂态电压测试与应用情况。

本书可作为从事输变电工程建设、管理、运行、试验的技术人员的专业书籍、学习资料，也可供希望了解人工短路接地试验的相关人员参考。

图书在版编目（CIP）数据

输变电工程人工短路接地试验暂态参数测试与应用/马御棠等著. —北京：科学出版社，2020.6

ISBN 978-7-03-060654-9

Ⅰ. ①输⋯ Ⅱ. ①马⋯ Ⅲ. ①输配电线路－接地保护－短路试验 Ⅳ. ①TM773

中国版本图书馆 CIP 数据核字（2019）第 037523 号

责任编辑：叶苏苏/责任校对：杨 赛
责任印制：罗 科/封面设计：墨创文化

科 学 出 版 社 出版
北京东黄城根北街 16 号
邮政编码：100717
http://www.sciencep.com

成都锦瑞印刷有限责任公司 印刷
科学出版社发行 各地新华书店经销

＊

2020 年 6 月第 一 版 开本：B5（720 × 1000）
2020 年 6 月第一次印刷 印张：8 1/2
字数：172 000

定价：99.00 元
（如有印装质量问题，我社负责调换）

编辑委员会

前　言

高压直流工程和串补工程系统试验是全面验证工程设计、设备、施工等正确性的重要手段，是保证工程安全、可靠、经济运行的关键程序。直流工程在投入商业运行之前，应进行工程系统试验。人工短路接地试验是系统试验中最为重要和复杂的一步，通过该试验校核线路保护动作行为及设备耐受能力，在工程调试中具有重要的意义。

云南省作为水电资源大省，是西电东送的主要电源点，云南省境内目前已有±800kV 楚穗、±800kV 普侨、±500kV 牛从、±500kV 永富等多个直流工程，以及 500kV 砚山、500kV 富宁、500kV 通宝、500kV 博尚、220kV 福贡等多个串补工程。云南电网有限责任公司电力科学研究院作为工程所在地的技术支撑单位，全面参与了上述工程中几十次人工短路接地试验，对该项试验的开展和暂态参数的测试有着丰富的经验。本书对云南电网有限责任公司电力科学研究院参与的人工短路接地试验进行总结，提供现场实际测试的方法和案例，便于读者熟练掌握人工短路接地暂态参数测试技术。

本书共 5 章，第 1 章人工短路接地试验概述，介绍人工短路接地试验的工程意义、人工短路接地装置及现场实施的安全注意。第 2 章直流工程短路接地试验暂态电流测试与应用，介绍直流换流站的交流线路和直流线路短路时暂态电流的测试方法和应用情况。第 3 章直流工程短路接地试验暂态电压测试与应用，介绍直流换流站的交流线路和直流线路短路时暂态电压的测试方法和应用情况。第 4 章串补工程短路接地试验暂态电流测试与应用，介绍串补站人工短路接地试验暂态电流的测试方法和应用情况。第 5 章串补工程短路接地试验暂态电压测试与应用，介绍串补站人工短路接地试验暂态电压的测试方法和应用情况。

本书得到了云南电网有限责任公司科技项目资金的资助，并得到了南方电网科学研究院有限责任公司现场调试工作的支持。现场测试过程中得到了清华大学、中国南方电网超高压输电公司及云南电网有限责任公司相关运行单位的大力配合。本书参考了相关单位的论文、技术报告并列入参考文献中，谨在此表示由衷的感谢。

由于作者水平有限，书中不足之处在所难免，恳请读者不吝赐教。

作　者

2020 年 5 月

目　　录

第1章 人工短路接地试验概述

1.1 人工短路接地试验的工程意义

1.1.1 人工短路接地试验在工程调试中的意义

人工短路接地试验在直流工程、串补工程、1000kV 交流输变电工程等均属于重要的工程，在工程调试过程中通过人工短路接地试验来模拟最真实的故障，人工短路接地试验是调试中最重要，也是对系统考核最苛刻的一个试验项目。该项试验的开展需要很多系统条件、大量单位和人员的配合，是极难得开展的试验项目，为测量真实的短路暂态参数带来了难得的机会，试验过程中测试的数据具有重要意义。

系统试验是全面验证工程设计、设备、施工等正确性的重要手段，是保证工程安全、可靠、经济运行的关键程序。人工短路接地试验是直流工程系统试验项目中最为重要的一步，主要在直流输电线路、直流接地极线路及相应的交流线路上开展。直流输电线路人工短路接地试验通常包括整流侧直流线路故障、直流线路中点线路故障、逆变侧直流线路故障、降压运行方式下逆变侧直流线路故障、金属回线方式下逆变侧直流线路故障等多种故障方式。开展人工短路接地试验时直流线路保护应正确动作、直流系统再启动逻辑应正确动作、直流系统应在技术规范规定的时间内恢复稳态运行。直流线路故障探测装置检测到的故障距离应在技术规范规定的精度范围内。直流接地极线路人工短路接地试验与直流线路的电压等级有一定的区别。接地极线路接地故障包括接地极线路中点接地故障和接地极线路末端接地故障。当接地极线路中点接地故障时，一般在大地回线、定功率控制模式稳态运行工况下，分别在整流侧和逆变侧接地极线路任一与导体靠近中点及接地极处，人为制造对地持续短路故障。此时，要求对直流传输功率无扰动，相应接地极线路保护应报警（由于低功率运行，不应引起保护停运）。交流线路人工短路接地试验包括整流侧交流线路故障和逆变侧交流线路故障，分别在整流站和逆变站附近交流线路上开展，试验时两极均在双极功率控制模式下稳态运行，且两极直流功率均应在技术规范规定的时间内恢复故障前的稳态值。由此可以看出，在直流工程调试中所有进线均会涉及人工短路试验，是验证直流工程是否满足设计要求的一个重要手段。

为了提高线路输送能力，串补在我国工程中应用得越来越广泛，在串补工程调试过程中，对人工短路试验的要求更为明确，在 500kV 串联电容器补偿装置系统调试规程中的 6.4 条专门规定了人工单相瞬时接地试验方案编制的要求，人工短路试验方案应满足串补装置系统调试方案规定的要求。人工短路试验方案包括人工短路接地故障点的选择、人工短路接地试验装置、接地试验前准备、杆塔接地电阻参数、接地试验步骤及系统恢复要求。8.10 条明确规定通过人工短路试验，主要检查保护动作行为及设备耐受能力是否符合要求，包括金属氧化物限压器动作行为及吸收的能量、串补阻尼回路阻尼效果、线路保护联动功能动作情况及动作时间、线路两端保护及串补保护动作行为、间隙动作情况及动作时间；检查平台测量系统的正确性及抗干扰能力；检查串补主设备的耐受能力等等。由此可以看出，人工单相短路接地试验是串补工程调试中重要的一步，也是考核设备要求最高的一步，在串补工程调试过程中具有重要的意义。

在 1000kV 交流输变电工程调试过程中，《1000kV 交流输变电工程系统调试规程》（DL/T 5292—2013）明确规定人工单相短路接地试验主要测量试验前后稳态电压、电流、有功功率、无功功率、频率；测量故障时的短路电流、潜供电流及恢复电压；测量保护动作时间；测量 1000kV 电容式电压互感器的暂态响应特性、中性点小电抗的电压和电流；测量系统的过电压；短路测试点的气象条件等。由此可以看出，人工单相短路接地试验是特高压工程调试中重要的一步，也是考核设备要求最高的一步，在特高压工程调试过程中具有重要意义。

1.1.2 短路入地电流在地网设计中的意义

地网是变电站的重要组成部分，通常，在有效接地和低电阻接地系统中，接地电阻 $R \leqslant 2000/I_G$，R 为考虑季节变化的最大接地电阻，I_G 为采用设计水平年系统最大运行方式下在接地网内、外发生接地故障时，经接地网流入地中并计及直流分量的最大接地故障电流有效值，在对其进行计算时，还应计算系统中各接地中性点间的故障电流分配及避雷线中分走的接地故障电流。在不满足要求时，经过技术经济比较适当地增大接地电阻。此时，接地网电位升高，可提高至 5kV，必要时经专门计算，且采取的措施可确保人身和设备安全、可靠时，接地网地电位还可进一步提高。同时，根据《电气装置安装工程电气设备交接试验标准》（GB 50150—2016）中的规定，通常变电站接地网的接地电阻不宜超过 0.5Ω。随着电网的发展，电压等级越来越高，容量越来越大，系统的短路电流越来越大，对变电站接地网的要求也越来越高，特别是在特高压输变电工程、大型电厂等大型接地工程中，如果采用规程规定的方法进行计算，通常难以满足接地电阻的要求。在特高压变电站中，短路电流高达 63kA，入地电流约为 49kA，要求接地电阻小于 0.1Ω。由此可见，真实入地电流的大小直接决定了接地电阻的设计要求范围，对地网接地阻抗的设计直接起着决定性的作用。

对于故障电流，在进行理论计算时，通常可采用 $I_G = (I_{max}-I_n)Sf_1$ 或者 $I_G = I_nSf_2$ 来进行计算，其中，I_n 为发电厂和变电站内发生接地故障时流经其设备中性点的电流，I_{max} 为发电厂和变电站内发生接地故障时最大接地故障电流有效值，Sf_1、Sf_2 为厂站内、外发生接地故障时的分流系数。同时，接地电阻的大小也影响分流系数的大小，二者相互影响，例如，国家标准《交流电气装置的接地设计规范》（GB/T 50065—2011）中规定了交流标称电压 500kV 及以下发电、变电、送电和配电电气装置的接地要求和方法，给出了流经接地装置电流的计算公式，并提出了站内或站外短路时避雷线工频分流系数的概念。随着计算的发展，现在多采用专业软件进行仿真计算，通过搭建变电站或发电厂与输电线路的仿真模型，计算不同短路情况下电流的分配情况，从而得到通过接地装置的入地电流。但是这种方式前期投入成本非常高，不仅要求购买专业的软件，培训专业的仿真人员，而且在每次设计时，需要对变电站或发电厂地址的土壤参数、线路杆塔接地参数进行勘测，建立以变电站或发电厂地网为中心，包括杆塔接地极、避雷线的系统仿真模型。由于勘测与建模时存在误差，采用这种方式的地网安全系数与裕度并不明确。

在入地电流测试方面，目前基本通过注入异频电流进行测试，然后进行故障入地电流的等效计算，除此之外，广东电网有限责任公司电力科学研究院在变电站通过带接地刀合断路器方式开展过站内短路试验，测试时为了测量方便、节约试验仪器经费，测试前解开了所有普通地线与变电站构架之间的连接，仅测量光纤复合架空地线（optical fiber composite overhead ground wires，OPGW）上的分流，测量结果表明，通过地线分走了约 59.15% 的电流，靠近故障侧电流分流较多，远离故障侧电流分流较少，二者相差 4 倍以上。真实短路故障情况下的入地电流缺乏实测数据对理论分析和仿真分析的结果进行验证，因此结合工程调试，开展单相人工短路接地时电流在地网中的分布情况具有重要意义。

1.2　人工短路接地装置

输电线路的人工短路接地试验，是人为地在输电线路上制造一个短路接地瞬时故障。目前，人工短路接地试验的方法和装置主要有弹簧类装置、弓弩类装置、气动类装置及倒杆法和断路器法。不同装置主要的差别在于发射装置的不同。基于弹簧储能原理的弹簧类装置，是在输电线路下方垂直悬挂引弧框，利用弹射装置将引弧线发射至引弧框内，形成单相接地短路，短路电流通过短路点附近的杆塔接地体散流。

基于弓弩发射原理的人工短路接地装置是利用箭带着一端连接在杆塔塔脚的

金属导线，向输电线路的引弧框抛射金属导线，形成瞬时接地。受发射装置能量的限制，两种方法的共同特点均需要在线路停电转检修状态后，在导线下方悬挂一个合适的 U 形金属框，该金属框通常与导线金属保持平行，且离地高度通常为12m，保证在线路电压等级下对地的安全距离。同时，布置一块金属引流板在金属框的正下方，并将金属引流板通过多股裸铜线将入地短路电流引流至附近杆塔的接地装置。发射装置应距离金属引流板一定的距离，如 15m，在箭杆首端绑一根截面积一定的软铜线，用该软铜线作为引弧线，并连接至金属引流板。待线路复电，试验总指挥下达指令可以进行人工短路试验以后，全部试验人员撤离至距短路点一定距离的安全区域，通过遥控装置扣动弩的扳机，向导线上悬挂的人工短路试验框发射接地线，形成人工短路接地。

气动类装置主要采用压缩空气作为发射动力，将带有接地线的弹头发射至输电线路等电位击穿区来模拟短路故障，可以在输电线路任何位置完成试验，通过调节压缩空气的气压来调节发射高度，进而满足不同电压等级试验的需求。

倒杆法主要在早期的工程中采用，通过在带有接地线的立杆倒下过程中使接地线靠近高压输电线路等电位点，最终放电从而实现人工接地短路故障，这种方法受到立杆及周围风力等的影响，可能发生立杆偏移而无法完成试验的情况。

断路器法主要在变电站内通过断路器带地刀合闸或者附近装设临时接地线来模拟接地故障。受断路器限制，一般在变电站试验时采用这种方法。

1.3 人工短路接地试验现场实施

在输电线路上开展人工短路接地试验时，由于输电线路电压等级高，需要的绝缘距离长，杆塔往往都有较高的高度，导线对地的距离一般都超过了人工短路试验装置的高度，通常的做法是从输电线路上引下一个等电位框，以满足发射装置的要求，高压等电位框宜采用多股带外护套的裸铜线，等效截面积应满足短路电流要求，不宜小于 $50mm^2$。裸铜线上端宜与各分裂子导线紧密连接，各分裂子导线应用铝包带先进行缠绕，缠绕长度不小于 30cm。裸铜线缠绕宽度不应超过铝包带宽度，并固定。裸铜线下端宜与金属管牢固连接，金属管宜采用分段方式，总长度方便短路试验实施，宜大于 4m。人工短路接地试验等电位框对地的最小安全距离应满足电力作业安全工作规程的要求。

为保证系统的安全稳定及满足调试的需要，人工短路接地试验点的位置根据系统结构参数仿真计算与现场场地实际情况共同确定，现场场地一般要求短路点杆塔所在场地宽阔便于试验的开展，且不会对周围通信、石油管道、电气化铁路等产生干扰。短路点宜选择在靠近耐张塔处，杆塔工频接地电阻应小于 10Ω。

　　引弧线是实现金属短路瞬时故障的重要组成部分，引弧线一般采用多股软铜线制成，应确保完全能融化。其截面积、短路电流和承受时间的关系，即奥迪道克（Ondendonks）公式为

$$I_{\mathrm{m}} = A\sqrt{\frac{\ln\left(\dfrac{T_{\mathrm{m}} - T_{\mathrm{a}}}{234 + T_{\mathrm{a}}} + 1\right)}{33t}} \qquad （1\text{-}1）$$

式中，I_{m} 为融化电流值，A；A 为导线截面积，圆密尔（circ mil）[①]；t 为承受电流时间，s；T_{m} 为金属融化温度，℃；T_{a} 为环境温度，℃。一般情况宜根据开展人工短路试验时的运行工况选择合适的截面积。若没有开展仿真计算工作，则宜采用 $1\mathrm{mm}^2$ 的多股软铜线。

　　引弧线连接至杆塔的接地线最小界面宜满足

$$S_{\mathrm{g}} \geqslant \frac{I_{\mathrm{g}}}{C}\sqrt{t_{\mathrm{e}}} \qquad （1\text{-}2）$$

以确保短路电流不烧断该接地线。式（1-2）中各参数要求见《交流电气装置的接地设计规范》（GB/T 50065—2011）附录 E。接地线应与杆塔接地装置以压接方式连接，接地可靠。在人工短路接地试验过程中当在同一位置开展多次短路接地试验时，应轮换接入杆塔的塔腿，避免损坏杆塔基础。或者将多根接地线分别连接至一个杆塔的每个塔腿，使得每个塔腿平均分流和受力。

　　人工短路接地试验现场应装设安全围栏，人工短路接地试验等电位框下方不应有人员进入。试验人员的安全距离宜根据杆塔接地装置形式、土壤电阻率、短路电流等进行仿真计算后确定，通常情况下不宜小于 30m。在未开展仿真计算工作时，试验人员宜穿绝缘靴。同时，人工短路接地试验现场应做好防火工作，现场配置灭火器。

　　试验前后线路试验人员悬挂等电位框时，必须办理输电线路工作票，试验人员登塔之前，必须确认输电线路处于检修状态；试验人员进入导线之前，必须完成验电、在线路可能的来电侧装设短路接线等程序；短路接地试验等电位框装设完毕，试验人员必须拆除无关的物件、临时的短路接地线，方可下塔。在人工短路接地试验后进行等电位框拆除时同样应履行相应的工作票的组织措施和停电、验电、装设接地线等保证安全的技术措施。

---

① 1circ mil = $5.067\,07 \times 10^{-10}\mathrm{m}^2$。

第2章 直流工程短路接地试验暂态电流测试与应用

2.1 交流线路近区短路测试与应用

2.1.1 短路电流测试布局

本节主要针对换流站的交流线路开展短路接地试验介绍。站外输电线路的短路电流分布示意图如图 2-1 所示，其中，$\dot{I}_{S1}$ 和 $\dot{I}_{S2}$ 为故障相导线电流，$\dot{I}_S$ 为短路电流，Z_i 为各段地线自阻抗，$\dot{U}_i$ 为各段地线感应电动势，$\dot{I}_{Gi}$ 为各段地线电流，R_{sub1} 和 R_{sub2} 为变电站接地电阻，R_i 为各基杆塔接地电阻，$\dot{I}_{sub1}$ 和 $\dot{I}_{sub2}$ 为变电站入地电流，$\dot{I}_{Ti}$ 为各基杆塔入地电流。

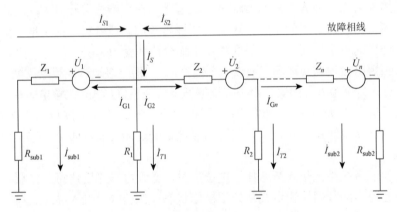

图 2-1 短路电流分布示意图

人工短路接地试验杆塔（第一基杆塔）电流流向示意图如图 2-2 所示。在发生短路时，短路电流 I_0 流经引弧线、杆塔接地引下线到达杆塔。此后电流存在三个流通路径，一是经杆塔接地装置入地（图 2-2 中 I_G）；二是经杆塔塔身通过架空地线流向远方（图 2-2 中 I_{w13} 与 I_{w14}）；三是通过另一侧的架空地线流入换流站（图 2-2 中 I_{w11} 与 I_{w12}）。

杆塔入地电流包含两部分，一部分是经塔脚接地引下线入地的电流；另一部分是通过塔脚水泥基础流入地的电流。由于铁塔构架尺寸很大，常规电流探头无法测量，所以后者只能由其他测量值计算得到，即总短路电流减去通过接地引下线的电流和通过地线流走的电流。

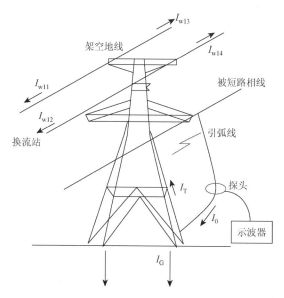

图 2-2　人工短路接地试验杆塔电流流向示意图

由架空地线流向远方的电流 I_{w13} 与 I_{w14} 中,一部分通过远处杆塔的接地装置散流入地;另一部分流入对侧变电站。

通过架空地线流入换流站的电流 I_{w11} 与 I_{w12} 将有多个流通路径,如图 2-3 所示。进站电流通过龙门架流入换流站地网,一部分电流通过地网散流入地(图 2-3 中 I_g),由于有入地电流,换流站产生地电位升;另一部分电流通过非故障出线龙门架后经其他架空地线分流(图 2-3 中 I_{w21} 与 I_{w22})。若换流变压器接入,还会有电流通过其接地中性点流入变压器(图 2-3 中 I_N),并通过相线流走(图 2-3

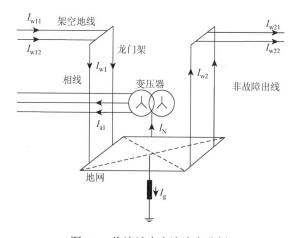

图 2-3　换流站内电流流向分析

中 I_{a1}）。图 2-3 中对站内龙门架进行简化处理，将其等效地连接在地网上，这样只会影响内部的环流。

在电流测试过程中，如图 2-3 所示，应同时测量被短路相线的电流，但现场测量时属于在高压线路进行测量，且输电线路采用的是分裂导线，测试困难。同时，站内录波装置因短路电流在传输过程中衰减，录波装置采样率不高，使得站内测量短路电流与实际短路点相邻位置波形有一定误差，因此在测试和分析中也没有采用站内录波装置的电流。

在测试的过程中，需要对设备的量程和频率范围进行选择。根据直流工程的仿真结果及实际情况，测量短路电流所用电流传感器为 PEARSON1330，带宽为 0.9Hz～1.5MHz；测量杆塔地线电流时需要考虑传感器为无源、开口，因此选择传感器为 PEARSON5664，带宽为 0.4Hz～1.5MHz；考虑现场测试通道较多且需要配合调试，选用示波记录仪为 Yokogawa 的 DL850E，采样模块为 701250，带宽为 3MHz。为防止测试中不同位置的电位差同时施加在示波记录仪上，烧毁示波记录仪，测试中示波记录仪采用独立电源供电，电流传感器与所测导体绝缘。为了对测试数据进行分析，所有的示波记录仪配置了 GPRS 对时模块，也可以采取其他同步措施，保障各示波记录仪的测试数据同步。

2.1.2　换流站近区交流线路短路电流测试方案

本节以 ±500kV 富宁换流站为例进行介绍，该站共有四回 500kV 交流出线及 ±500kV 直流线路。四回 500kV 交流出线分别为富武甲线、富砚甲线、富武乙线、富砚乙线，其中富武甲线和富砚甲线有一侧采用 OPGW 地线，富武乙线和富砚乙线第一基杆塔为同塔双回，从第二基杆塔起分为单回塔。

根据线路出线和短路试验安全距离要求，人工短路接地试验分别在富武甲线三相线路各开展 1 次，富武乙线两相线路共开展 2 次，合计开展了 5 次短路试验。富武甲线 3 次人工短路试验短路点在第一基杆塔与龙门架之间，富武乙线 2 次人工短路试验分别在第一基杆塔和龙门架之间，以及第一基杆塔和第二基杆塔之间。

为实现试验测试目标，电流测试点涵盖短路点杆塔及其附近杆塔、短路线路站内龙门架 OPGW 及接地装置、非短路线路站内龙门架 OPGW 及第一基杆塔接地装置；电压测试点涵盖短路点杆塔、换流站地网、交流测试区电缆沟。

试验过程中的测点位置如图 2-4 所示，详细测点如表 2-1、表 2-2 所示。其中，图 2-4 为富武甲线人工短路时测点布置，图 2-5 为富武乙线人工短路时测点布置。

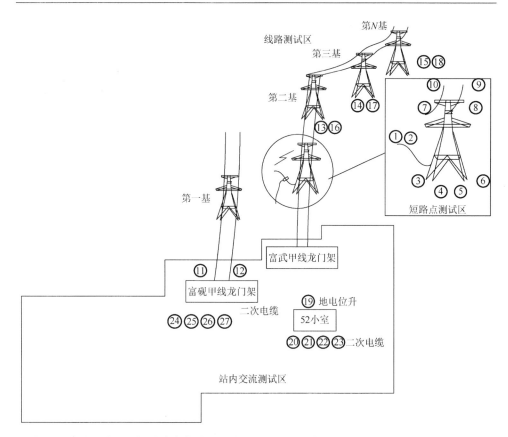

图 2-4　富武甲线人工短路富宁换流站站内交流测试区、短路点测试区、线路测试区示意图

图 2-4 对应的详细测点如表 2-1 所示。

表 2-1　富武甲线人工短路测点及测量装置

测试区	编号	测量装置
短路点测试区	①，②	Rocoil，Pearson1330
	③~⑥	Pearson101，Pearson4160
	⑦~⑩	Pearson5664
站内交流测试区	⑪，⑫	Pearson4160
	⑲	高压探头
	⑳~㉗	示波记录仪
线路测试区	⑬，⑯	Pearson4160
	⑭，⑰	Pearson4160
	⑮，⑱	Pearson4160

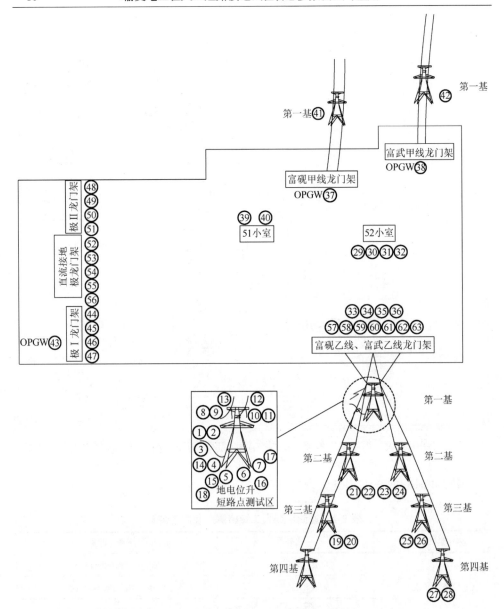

图 2-5 富武乙线人工短路富宁换流站站内交流测试区、站内直流测试区、
短路点测试区、线路测试区示意图

图 2-5 对应的详细测点如表 2-2 所示。

需要的主要测试设备及其可用的测试位置和功能如下。

1. 电流传感器

（1）Rocoil，有源传感器，主要用于测试短路位置的短路电流，也可用于测试其他地面位置的电流。

（2）Pearson1330，闭口无源传感器，主要用于测试短路位置的短路电流。

（3）Pearson101，闭口无源传感器，主要用于可以拆开穿过的暂态电流的测试，如各杆塔接地引下线电流的测试。

（4）Pearson5664，开口无源传感器，主要用于杆塔塔顶避雷线线路短路电流测试。

（5）Pearson4160，闭口无源传感器，主要用于可以拆开穿过的暂态电流的测试，如各杆塔接地引下线电流的测试。

（6）Fluke i3000s，开口有源传感器，主要用于站内接地引下线电流的测试。

表 2-2　富武乙线人工短路测点及测量装置

测试区	编号	测量装置
短路点测试区	①~③	Rocoil×2，Pearson1330×1（10 衰减×1）
	④~⑦，⑭	Pearson5664
	⑧~⑬，⑮~⑰	Pearson5664
	⑱	立克 20kV 高压探头
站内交流测试区	㉙~㉜	示波记录仪
	㉝~㊱	示波记录仪
	(57)~(63)	Fluke i3000s
	㊲	Pearson4160
	㊳	Pearson5664
站内直流测试区	㊴，㊵	立克 20kV 高压探头
	㊸	Pearson5664
	㊹~㊼	Fluke i3000s
	㊽~(51)	Fluke i3000s
	(52)~(56)	Fluke i3000s
线路测试区	⑲，⑳	Fluke i3000s
	㉑，㉒	Pearson4160
	㉓，㉔	Pearson4160
	㉕，㉖	Fluke i3000s
	㉗，㉘	Fluke i3000s
	㊶	Fluke i3000s
	㊷	Fluke i3000s

2. 衰减器

衰减器主要根据仿真计算结果，在电流传感器量程不够时进行二次衰减，以满足设备的要求。

3. 其他设备

（1）示波记录仪/示波器：满足所有测试数据的记录。
（2）绝缘垫：主要用于隔离设备、操作人员电位。
（3）同轴电缆：主要用于连接电流线圈和示波记录仪。
（4）对讲机：用于现场工作联系。
（5）防水布：用于各测试位置设备的防雨。
（6）锂电池及逆变器：主要用于产生电源供现场测试设备使用。
由于短路电流的测试很关键，对所有的总短路电流采用 Rocoil，Pearson1330 互为备用进行测试。

2.1.3　短路电流特征

1. 短路点短路电流

第一次短路为富武甲线 a 相短路，其数据如图 2-6 所示，可见三次人工短路试验短路波形相似，分为短路瞬时的暂态冲击过程及其后主频为工频的暂态平缓过程，暂态冲击过程持续约 50μs，暂态平缓过程持续约 40ms。三次人工短路试验的短路电流的暂态平缓过程峰值略有差别，分别为 18.53kA、–23.8kA、–24.8kA，电流幅值呈衰减变化趋势。富武乙线人工短路试验短路电流波形与此类似，不再重复给出波形图。

2. 短路点杆塔接地装置电流

图 2-7 为富武甲线第一次人工短路接地试验短路点杆塔接地装置电流波形，杆塔的 3 个接地装置电流同向，1 个接地装置电流反向，由于反向处下引线接地装置非良好接地，故电流经另外 3 个接地装置流入杆塔下接地网络后又沿着另一个接地装置流经塔身至地线。电流暂态平缓过程持续约 40ms，暂态冲击过程同样持续 50μs。

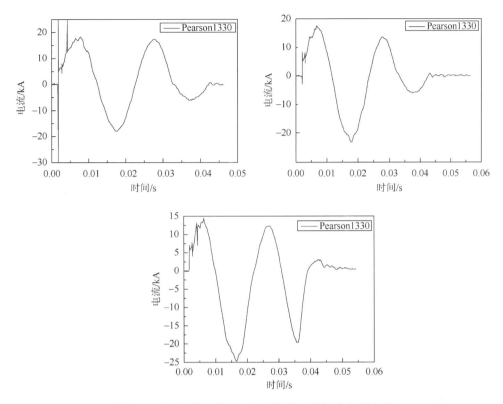

图 2-6　富武甲线三次人工短路接地试验短路电流波形

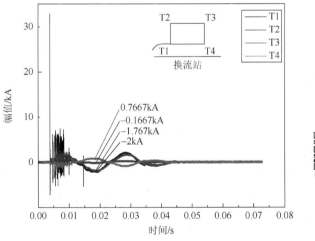

图 2-7　短路点杆塔接地装置电流波形

3. 短路点杆塔地线电流

图 2-8 为富武甲线第一次人工短路试验短路点杆塔地线电流波形, 其暂态平缓过程持续约 40ms, 暂态冲击过程持续 50μs。电流正方向为由塔身向外, 可见 T8＞T6＞T5＞T7 (三次富武甲线短路结果相同)。换流站接地网接地电阻很小, 因此入站电流总和大于出站电流。且 T5、T6 所在地线为 OPGW, T7、T8 所在地线为普通地线, OPGW 逐点接地而普通地线分段接地, 因此普通地线流向站外侧的电流 T7 最小。T8 为普通地线, 在进站龙门架处直接与换流站架空地网相连, T5 为 OPGW, 通过绝缘引至进站龙门架接地装置才与换流站地网相连, 因此 T8 测得的电流大于 T5。

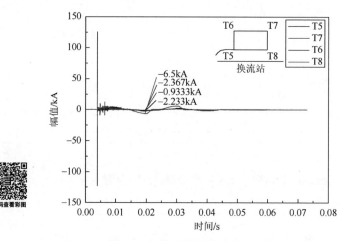

图 2-8　短路点杆塔地线电流波形

由于富武甲线三次人工短路接地试验电流波形相似, 可以根据短路点短路电流、短路点杆塔接地装置电流、短路点杆塔地线电流, 获得短路点杆塔处短路电流的分流情况如下:

杆塔入地电流比例总和为 17.66%, 各基杆塔腿分别为 9.23%、1.11%、10.19%、-2.87%(回流);杆塔地线分流比例总和为 65.12%, 各线分别为 12.10%、11.94%、5.41%、35.67%;通过塔身混凝土入地比例为 17.22%。可见, 约有 35% 的短路电流通过短路杆塔入地, 65% 的电流通过短路杆塔地线入地或者流入其他杆塔及变电站接地网。

4. 短路出线龙门架接地引下线电流

图 2-9 为第五次富武乙线 c 相短路试验乙线出线龙门架接地引下线位置及其编号说明, 对应的波形可以从图 2-10、图 2-11 中得到, 由于编号 3 未测量到数据, 故缺少一个波形, 但各编号的波形都极为相似, 可假设编号为 3 的波形与编号为

1 的波形一致。由此可以得到编号 1～7 的第一个暂态平缓过程峰值分别为 1.8kA、2.6kA、1.8kA、1.36kA、1.2kA、0.96kA、0.8kA，其数值总和为 10.52kA。由于所有电流为同一方向，且方向向下，故此处并无环流产生。此外，进站地线电流未测量到，考虑到乙线 b 相短路试验进站两条普通地线中的一条电流约为 3.8kA，则乙线 b 相短路试验进站电流总和约为 7.6kA，乙线 c 相短路试验进站电流总和应与 7.6kA 相差不大，而龙门架入地电流达到 10.52kA，故可认为进站电流的绝大部分都从进线龙门架直接进入换流站地网，而仅有一小部分流至架空地网中。

图 2-9　乙线出线龙门架接地引下线位置及其编号说明

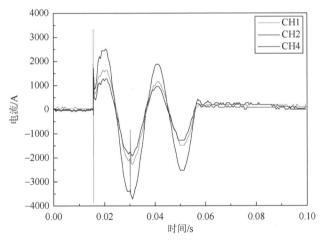

图 2-10　乙线出线龙门架接地引下线电流（编号：1、2、4）

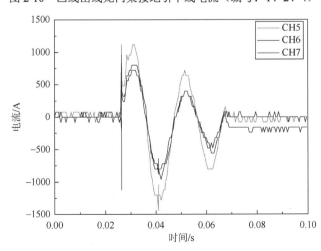

图 2-11　乙线出线龙门架接地引下线电流（编号：5、6、7）

5. 短路点附近及远处杆塔接地装置电流

图 2-12 及图 2-13 分别为富武甲线第二次人工短路试验第十基杆塔、第十二基杆塔接地装置电流。当富武甲线 b 相短路试验时，第十基杆塔、第十二基杆塔

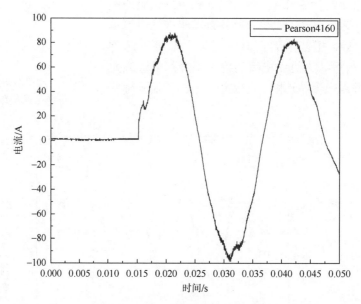

图 2-12　第十基杆塔接地装置电流

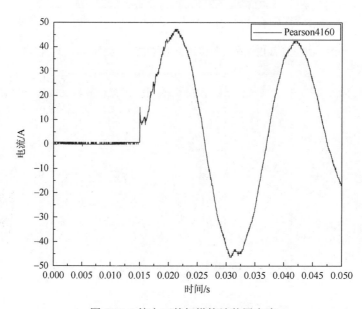

图 2-13　第十二基杆塔接地装置电流

的第一个暂态平缓过程峰值分别为 86A、47A，富武甲线 c 相短路试验时，第二基杆塔、第十基杆塔、第十二基杆塔的第一个暂态平缓过程峰值分别为 120A、68A、38A。可见其幅值随着传播距离的增加而减小，电流波形暂态冲击过程极短或消失，暂态平缓过程持续约 40ms。

2.1.4　非短路位置的电流分布

1. 非短路出线龙门架 OPGW 电流

图 2-14 为富武甲线第一次人工短路接地试验富砚甲线进站龙门架 OPGW 电流。其暂态冲击过程峰值电流达到 10kA 以上，第一个暂态平缓过程峰值电流为187A，方向为由地向上，可见有一部分电流会通过非短路出线流至架空地线并进一步向线路外分流，但是龙门架存在环流等情况，因此最终向线路外分流的电流应为 187A 左右，与从地线流进站的 8.8kA 左右的电流相比约为 2%。

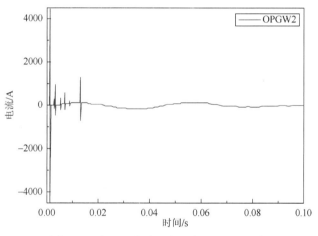

图 2-14　富砚甲线进站龙门架 OPGW 电流

2. 直流龙门架 OPGW 及接地引下线电流

图 2-15 为第四次富武乙线 b 相短路试验时直流场各龙门架的测点位置及编号示意图，龙门架包括接地极、极Ⅱ、极Ⅰ龙门架。CT 为 Fluke i3000s，方向向下，因此负电流才有可能是直流出线地线分流的部分。

测量结果如图 2-16～图 2-18 所示，由图 2-16 可得，接地极龙门架编号 CH5 的测点 CT 未测量到数据，编号 CH2、CH3、CH4 测得的电流都很小且为负值，而编号 1 测得的电流达到 100A 且为正值，接地极龙门架存在环流。4 个测点的数值和为98A，方向向下，并非分流电流。若有电流从接地极地线分流，则幅值较小，可忽略。

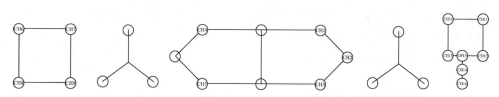

图 2-15　直流场各龙门架测点位置及编号示意图

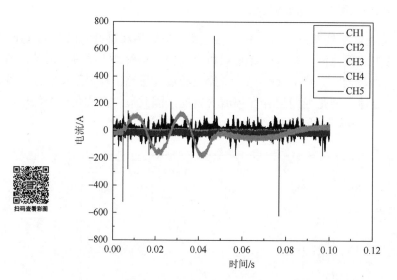

图 2-16　接地极龙门架接地引下线电流

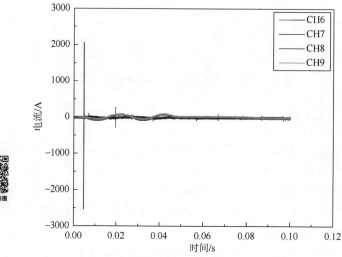

图 2-17　极Ⅱ龙门架接地引下线电流

由图 2-17 可得，极Ⅱ龙门架编号 6、7 和编号 8、9 的电流幅值相反，也存在环流，编号 6～9 的幅值数值和为-113A，即有小于 113A 的电流沿着极Ⅱ龙门架向极Ⅱ地线分流，与 10kA 左右的进站电流相比可忽略不计。

由图 2-18 可得，极Ⅰ龙门架所有电流同向，都是从地流向极Ⅰ地线，数值和为 320A，而 OPGW 中的电流方向则为从地线流向地，约 40A，因此极Ⅰ也存在环流，其通过极Ⅰ地线分流的电流与 10kA 左右的进站电流相比也可忽略不计。

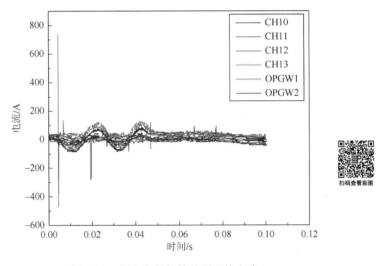

图 2-18　极Ⅰ龙门架接地引下线电流

3. 非短路线路第一基杆塔接地引下线电流

图 2-19 为富武甲线第二次人工短路试验乙线第一基杆塔接地装置的电流波形。其接地装置电流幅值总和约为 290A，因此非短路交流出线的地线会产生一部分分流，使一部分进站电流返回站外入地。由此可见，直流场分流电流可忽略不计，交流场则存在一定的分流电流。

2.1.5　暂态平缓过程频谱分析

采用傅里叶变换得到各位置短路电流的频谱图，典型的频谱图如图 2-19 所示，所有波形在暂态平缓过程中的主频都为工频 50Hz，并包含部分 10Hz 低频分量及部分直流分量。暂态平缓过程中富武甲线三次试验各测量点的频谱如表 2-3 所示，富武乙线两次试验各测量点的频谱如表 2-4 所示。

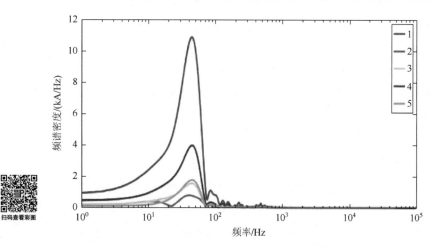

图 2-19　乙线第一基杆塔接地装置的电流波形

表 2-3　富武甲线三次试验各测量点的频谱

位置	富武甲线 a 相频率/Hz		富武甲线 b 相频率/Hz		富武甲线 c 相频率/Hz	
	主频	次频	主频	次频	主频	次频
短路点短路电流/kA	50	—	50	—	50	10、0
第一基杆塔入地电流 T1	50	—	50	—	50	10、0
第一基杆塔入地电流 T2	50	—	50	—	50	10、0
第一基杆塔入地电流 T3	50	—	50	—	50	10、0
第一基杆塔入地电流 T4	50	—	50	—	50	10、0
第一基杆塔地线电流 T5	50	—	50	—	50	0
第一基杆塔地线电流 T6	50	—	50	—	50	0
第一基杆塔地线电流 T7	50	—	50	—	50	10
第一基杆塔地线电流 T8	50	—	50	—	50	0
第一基杆塔地电位升	50	—	50	—	—	—
富砚甲线 OPGW	50	—	—	—	—	—
第二基杆塔入地电流	—	—	—	—	50	0
第十基杆塔入地电流	—	—	50	—	50	0
第十二基杆塔入地电流	—	—	50	—	50	—
乙线第一基杆塔入地电流	—	—	50	—	—	—
换流站地电位升 1000m	—	—	—	—	50	10
换流站地电位升 500m	—	—	—	—	50	10

表 2-4　富武乙线两次试验各测量点的频谱

位置	富武甲线 b 相频率/Hz		富武甲线 c 相频率/Hz	
	主频	次频	主频	次频
第一基杆塔入地电流 T1	50	0	—	—
第一基杆塔入地电流 T2	50	10	—	—
第一基杆塔入地电流 T3	50	0	—	—
第一基杆塔地线电流 T5	50	0	—	—
第一基杆塔地线电流 T6-2	50	0	—	—
短路点地电位升	50	10	—	—
换流站地电位升 1000m	50	10	50	10
换流站地电位升 500m	50	0	50	0
富砚乙二基杆塔入地电流	50	—	—	—
富砚乙三基杆塔入地电流	50	—	50	0
富砚乙四基杆塔入地电流	50	—	—	—
富武乙三基杆塔入地电流	—	—	50	0
乙线龙门架入地电流 CH1	—	—	50	10
乙线龙门架入地电流 CH2	—	—	50	10
乙线龙门架入地电流 CH4	—	—	50	10
乙线龙门架入地电流 CH5	—	—	50	10
乙线龙门架入地电流 CH6	—	—	50	10
乙线龙门架入地电流 CH7	—	—	50	10

2.2　直流线路近区短路测试与应用

本节中以永富直流工程的直流线路短路为例进行介绍。

极 II 短路试验：共进行 3 次短路试验，分别为永仁第一次人工短路、富宁第一次人工短路、富宁第二次人工短路。

极 I 短路试验：共进行 3 次短路试验，分别为永仁第一次人工短路、富宁第一次人工短路、富宁第二次人工短路。

在极 I 永仁站短路时，富宁站距离永仁站距离较远，未测到任何数据，故不考虑极 I 永仁第一次人工短路。

2.2.1　短路点电流分布

1. 短路电流

图 2-20 为极 I 富宁第一次短路富宁侧短路电流，短路电流的暂态过程包含暂

态冲击过程和暂态平缓过程，暂态冲击过程持续 90μs，暂态平缓过程持续 36ms。其暂态冲击过程的电流最大值为 11.2kA，暂态平缓过程的电流最大值为 4.8kA。短路电流的频谱图如图 2-21 所示。

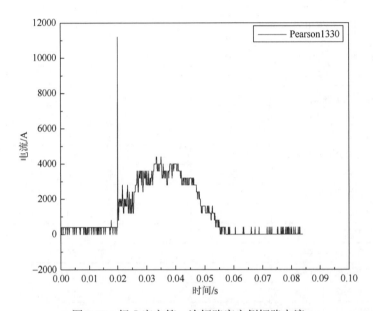

图 2-20　极 I 富宁第一次短路富宁侧短路电流

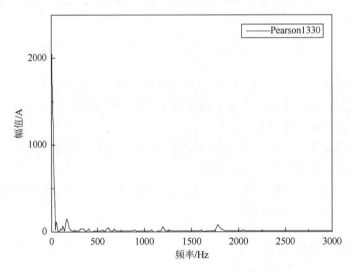

图 2-21　极 I 富宁第一次短路富宁侧短路电流频谱

补零后由快速傅里叶变换可得到图 2-21，可见短路电流的主频是 0Hz，包含少量 160Hz、1780Hz 的中高频成分。

2. 短路点杆塔地线电流

短路点测量结果分别如图 2-22～图 2-27 所示，短路测试在地线中的分布布置图如图 2-28 所示，根据图中数据，可以汇总得到表 2-5 所示的分流结果。

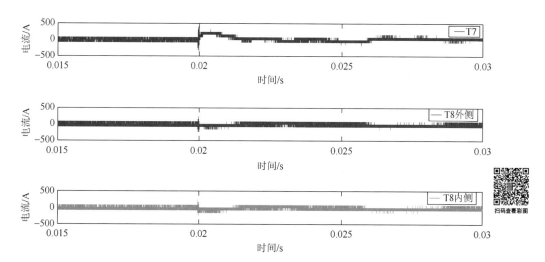

图 2-22　极 Ⅱ 永仁第一次人工短路试验富宁侧短路点杆塔地线电流

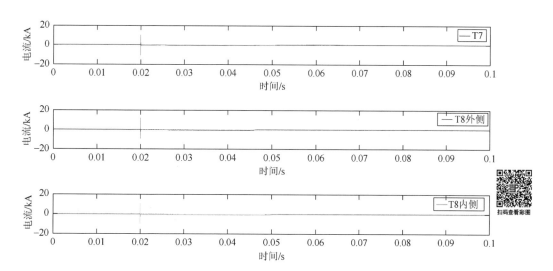

图 2-23　极 Ⅱ 富宁第一次人工短路试验富宁侧短路点杆塔地线电流

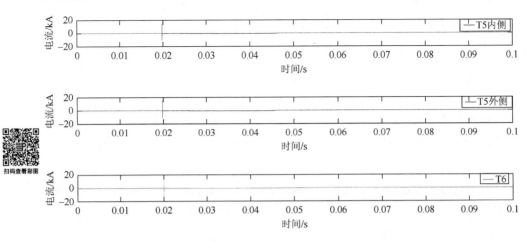

图 2-24　极Ⅱ富宁第二次人工短路试验富宁侧短路点杆塔地线电流

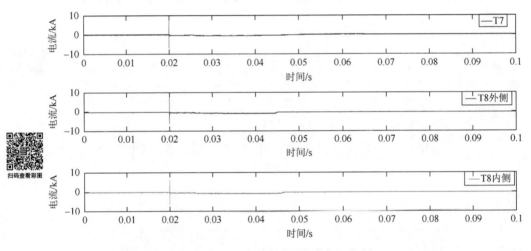

图 2-25　极Ⅱ富宁第二次人工短路试验富宁侧短路点杆塔地线电流

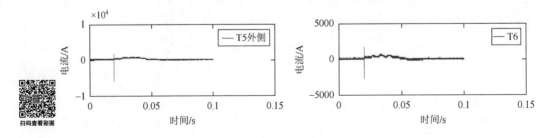

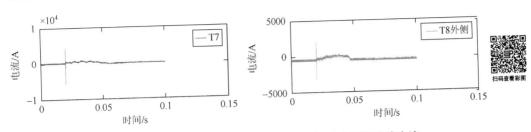

图 2-26　极 I 富宁第一次人工短路试验富宁侧短路点杆塔地线电流

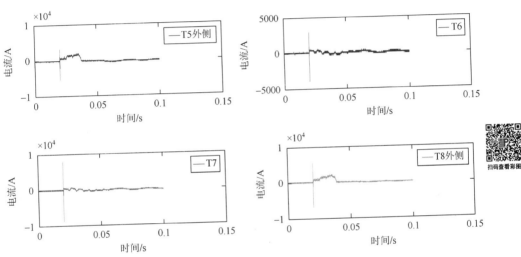

图 2-27　极 I 富宁第二次人工短路试验富宁侧短路点杆塔地线电流

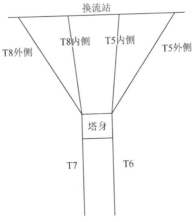

图 2-28　地线电流测点位置及编号示意图

表 2-5　杆塔地线电流

位置	暂态冲击过程的电流/kA		暂态平缓过程的电流/kA		频谱/Hz	
	最大值	最小值	最大值	最小值	主频	次频
极Ⅱ永仁第一次人工短路						
T7	—	—	0.4	−0.4	—	—
T8 外侧	—	—	0.24	−0.24	—	—
T8 内侧	—	—	0.24	−0.24	—	—
极Ⅱ富宁第一次人工短路						
T7	10	−10.8	0.4	−0.6	10	160
T8 外侧	12	−9.4	0.2	−0.8	0	1790
T8 内侧	10.8	−9.6	0.2	−0.8	0	1790
极Ⅱ富宁第二次人工短路						
T5 内侧	14.7	−10.1	0.3	−0.7	10	1800
T5 外侧	15.8	−11.4	0.4	−0.8	10	1800
T6	17.4	−19	0.4	−0.6	10	340
T7	7.4	−6.8	0.4	−0.6	10	340
T8 外侧	7.8	−6.2	0	−1.2	0	1800
T8 内侧	6.1	−6.5	−0.1	−1.1	0	1800
极Ⅰ富宁第一次人工短路						
T5 外侧	1.882	−5.804	1.098	0	0	1790
T6	1.725	−2.667	0.784	−0.157	10	160
T7	4.235	−5.647	0.941	−0.157	10	160
T8 外侧	2.039	−3.137	0.314	−0.628	0	1790
极Ⅰ富宁第二次人工短路						
T5 外侧	3.137	−5.333	2.039	−0.628	10	1790
T6	2.98	−3.922	0.628	−0.314	30	50、160
T7	7.843	−8.784	0.784	−0.471	30	50、160
T8 外侧	5.49	−6.902	2.353	−0.157	10	1790

　　由表 2-5 可得，暂态平缓过程，T5 外侧和 T5 内侧的幅值较为接近，T8 外侧和 T8 内侧的幅值较为接近，T6 和 T7 的幅值较为接近，且这三组波形的频率分量都是相同的。因此，可以在计算中将 T5 外侧和 T5 内侧近似等效，T8 外侧和 T8 内侧近似等效，T6 和 T7 近似等效。

地线电流暂态冲击过程的持续时间在 90~150μs，暂态平缓过程持续时间在 30~40ms。

地线电流的频谱主频都是低频，如 0Hz、10Hz、30Hz，并含有少量的中高频，如 50Hz、160Hz、340Hz、1800Hz。

短路点第二基杆塔接地装置电流如图 2-29 和图 2-30 所示，电流暂态过程如表 2-6 所示。在直流短路情况下电流沿线路传播衰减很快，仅第二基杆塔暂态平缓过程就已衰减至 50A 及以下，与短路电流相比已可忽略。但电流还是与短路电流相同，以 0Hz、10Hz 的低频为主频分量，以 180Hz、1790Hz 的中高频为次频分量。线路杆塔接地装置电流的暂态冲击过程持续时间为 120μs 左右，暂态平缓过程持续时间为 35ms 左右。

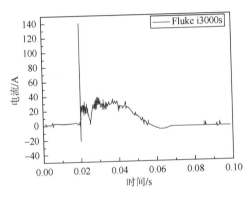

图 2-29　极 II 富宁第二次人工短路试验富
宁侧第二基杆塔接地装置电流

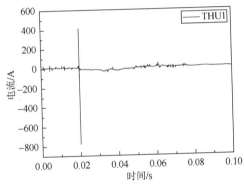

图 2-30　极 I 富宁第一次人工短路试验富
宁侧第二基杆塔接地装置电流

表 2-6　线路杆塔接地装置电流

短路位置	暂态冲击过程接地装置电流/A		暂态平缓过程接地装置电流/A		频谱/Hz	
	最大值	最小值	最大值	最小值	主频	次频
极 II 富宁第二次短路第二基杆塔	141	−24	39	−12	10	1790
极 I 富宁第一次短路第二基杆塔	430	−760	10	−50	0	180

2.2.2　交流场电流分布特性

1. 交流场降压变中性点电流

降压变中性点入地电流如图 2-31 所示，最大峰值约为 −45A，可忽略，因此在计算分流时没有考虑降压变造成的分流。

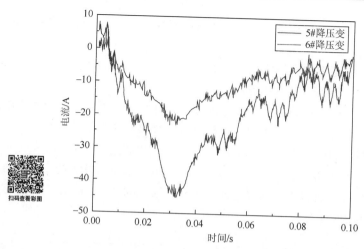

图 2-31　极Ⅱ富宁第一次人工短路接地试验富宁侧交流场降压变中性点入地电流

2. 交流场主变中性点入地电流

主变中性点入地电流如图 2-32 所示，最大峰值约−8A，可忽略，因此在计算分流时没有考虑主变造成的分流。

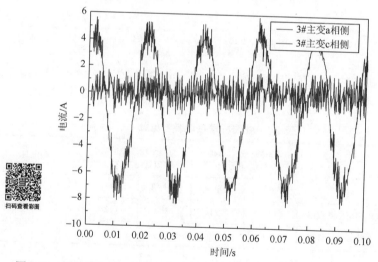

图 2-32　极Ⅱ富宁第一次人工短路接地试验富宁侧交流场主变中性点入地电流

3. 交流场富砚、富武甲线龙门架 OPGW 电流

龙门架 OPGW 中的暂态电流如图 2-33 所示。短路前后背景波并未发生改变，仅产生了一个 6μs 左右的暂态冲击过程，故认为在直流短路时，无须考虑交流 OPGW 出现分流。

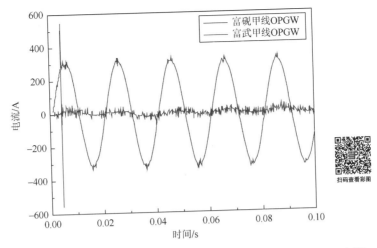

图 2-33　极 II 富宁第一次人工短路接地试验富宁侧交流场龙门架 OPGW 电流

2.2.3　直流场电流分布特性

1. 直流场极 I 龙门架 OPGW 电流

直流场极 I 龙门架 OPGW 电流如图 2-34～图 2-37 所示，数据分析结果如表 2-7 所示，每次短路的 OPGW 电流暂态冲击过程持续 140μs，分为了 2 个部分，每半簇波形持续 70μs。由于暂态平缓过程中电流最大值都很小，仅为 70A，而对应的进站电流值至少达到 2kA，可见进站电流只有很小一部分经过 OPGW 入地，大多经过站内架空避雷线网再回流进入地网。详细结果见表 2-7 所示。

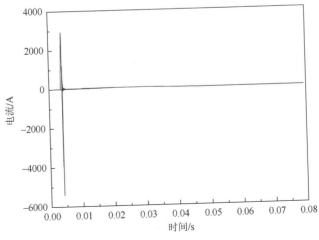

图 2-34　极 II 富宁第一次人工短路试验富宁侧直流场极 I 龙门架 OPGW 电流

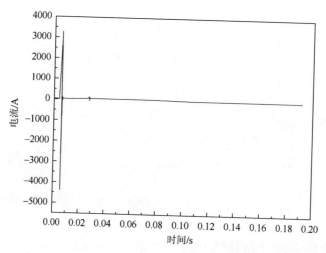

图 2-35　极Ⅱ富宁第二次人工短路试验富宁侧直流场极Ⅰ龙门架 OPGW 电流

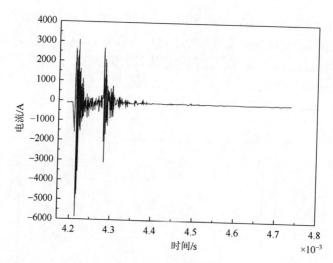

图 2-36　极Ⅱ富宁第一次人工短路试验富宁侧直流场极Ⅰ龙门架 OPGW 电流局部放大图

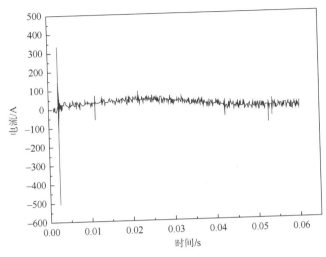

图 2-37　极Ⅱ富宁第二次人工短路试验富宁侧直流场极Ⅰ龙门架 OPGW 电流局部放大图

表 2-7　极Ⅰ龙门架 OPGW 电流

短路次数	暂态冲击过程 OPGW 电流			暂态平缓过程 OPGW 电流			频谱/Hz	
	最大值/kA	最小值/kA	持续时间/μs	最大值/A	最小值/A	持续时间/ms	主频	次频
第一次人工短路	3.077	−5.57	140	66.67	−30	40	10	无
第二次人工短路	3.373	−4.58	300	70	−26.67	100	0	无

2. 直流场接地极龙门架接地装置电流

分析暂态平缓部分可得，接地极龙门架接地装置电流短路暂态平缓过程电流最大值不超过 50A，如图 2-38 和图 2-39 所示，因此可认为从接地极地线分流走的电流很小，可忽略不计。

3. 直流场接地极母线避雷器入地电流

直流场接地极母线避雷器入地电流如图 2-40 和图 2-41 所示，可见接地极母线避雷器在短路瞬时有电流经过，但仅局限于暂态冲击过程，后续暂态平缓过程电流幅值都不超过 20A，故不考虑避雷器动作引入的电流。

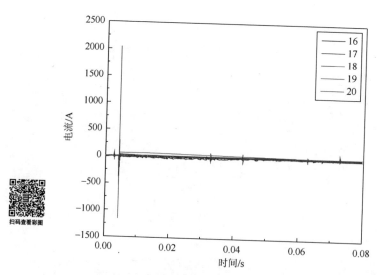

图 2-38　极 II 富宁第一次人工短路试验富宁侧接地极龙门架接地装置电流

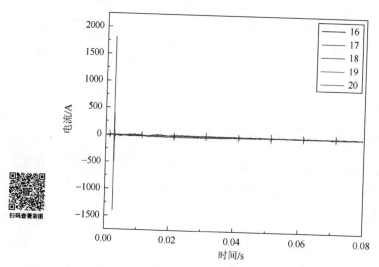

图 2-39　极 II 富宁第二次人工短路试验富宁侧接地极龙门架接地装置电流

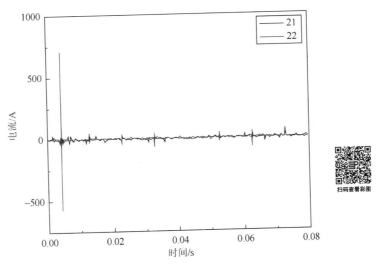

图 2-40　极Ⅱ富宁第一次人工短路试验富宁侧接地极母线避雷器入地电流

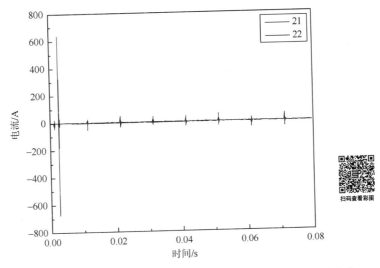

图 2-41　极Ⅱ富宁第二次人工短路试验富宁侧接地极母线避雷器入地电流

2.2.4　换流变中性点电流

由图 2-42 可得，中性点入地电流同样只有一个暂态冲击过程，并没有暂态平缓过程，故在计算暂态平缓过程分流时，可以忽略换流变中性点入地电流。

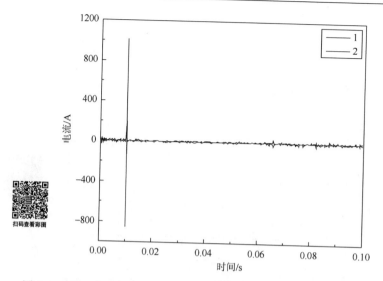

图 2-42　极 II 富宁第二次人工短路试验富宁侧极 II 换流站变中性点入地电流

2.3　直流线路中部短路测试与应用

　　本节以永富直流工程中开展的短路电流（图 2-43 和图 2-44）为例进行分析。

　　由图 2-43 可以看出，短路电流分为暂态冲击过程和暂态平缓过程，其中暂态冲击过程持续时间为 40μs，最大值为 4.033kA，最小值为−62.87kA，暂态平缓过程持续时间为 35ms，最大值为 4.567kA，最小值为−0.667kA。

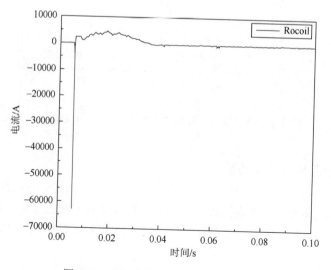

图 2-43　永富直流极 I 石林段短路电流

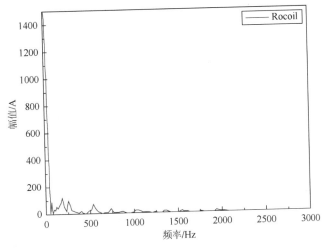

图 2-44 永富直流极 I 石林段短路电流频谱

　　由图 2-44 可以看出，短路电流主频为 10Hz，次频为 0Hz，还包含少量的中低频分量如 180Hz、260Hz、530Hz。

　　由图 2-43 和图 2-44 可以看出，短路过程持续 40～50ms，分为暂态冲击过程和暂态平缓过程两部分。短路电流包含直流分量和交流分量，在持续过程中直流分量和交流分量的幅值都呈现衰减变化的趋势。四次短路电流的暂态平缓过程最大幅值分别为 16.5kA、17.6kA、17.2kA、20.3kA。

第3章　直流工程短路接地试验暂态电压测试与应用

3.1　交流滤波设备暂态电压测试方法与应用

3.1.1　交流滤波设备暂态电压测试方法

直流工程的过电压测试主要针对投切频繁、易产生过电压且无电压监测的交流滤波器和直流滤波器内部单元，通过接入不影响系统运行的分压器，对滤波器单元的暂态电压进行测量，验证其过电压水平是否满足相关标准的要求，同时能对仿真结果进行验证。

过电压测试的目的为检验系统在各种运行工况下在换流站可能出现的过电压是否满足交、直流设备绝缘水平的要求，通过试验确认一次系统绝缘配合是否满足要求，同时为工程验收提供实测依据。

过电压测试主要针对能产生过电压的试验项目进行测试，判断过电压水平是否满足设备绝缘要求。过电压试验主要有以下几个项目：

（1）交流滤波器投切试验。

（2）直流滤波器投切试验。

（3）直流系统解锁。

（4）直流系统正常闭锁及紧急停运试验。

（5）丢失脉冲或换相失败故障。

（6）金属/大地回线方式转换。

（7）直流接地故障试验。

测试主要利用分压器，将一次高压通过测试电缆转化为较低的二次电压，引入示波记录仪，利用示波记录仪对暂态电压进行监测。

对于交流滤波器，要求分压器最好采用电容式分压器，而直流滤波器则应采用电阻式分压器或阻容式分压器。无论何种分压器，其接入都不应该影响一次设备的正常运行，且不会对一次系统状态产生影响。

交流侧的主要信号有：

（1）母线三相对地电压。

（2）单调谐交流滤波器三相高压电感 L 对地电压。

（3）双调谐交流滤波器三相高压电感 $L1$ 对地电压。

（4）双调谐交流滤波器三相低压电感 $L2$ 对地电压。

（5）双调谐交流滤波器三相高压电感 $L1$ 两端电压。

（6）三调谐交流滤波器三相高压电感 $L1$ 对地电压。

（7）三调谐交流滤波器三相电感 $L2$ 对地电压。

（8）三调谐交流滤波器三相低压电感 $L3$ 对地电压。

（9）三调谐交流滤波器三相高压电感 $L1$ 两端电压。

（10）三调谐交流滤波器三相电感 $L2$ 两端电压。

（11）交流滤波器三相高压电容 $C1$ 两端电压。

（12）双调谐交流滤波器的总电流。

（13）三调谐交流滤波器的总电流。

（14）交流滤波器高压电容的不平衡电流。

在交流侧电压信号中，母线三相电压信号可以从母线 CT 末屏测取，配以相应的二次分压电容组成电压分压器进行测量，如果现场的 CT 没有末屏，则三相母线电压信号从母线 CVT 的二次屏柜的相应端子上测取；交流滤波器元件上的电压信号无法从二次屏柜中测取，需采用专门的电压分压器来测取。

此外，在进行换流变充电试验时，需要测量换流变网侧和阀侧的电压、网侧的合闸涌流。网侧的电压信号可从换流变网侧的高压套管末屏测取，并配以相应的二次分压电容组成电压分压器进行测量，也可从网侧的 PT 二次端子测取；阀侧的电压信号可从换流变阀侧 PT 二次端子测取；网侧的电流则可从网侧有关 CT 二次屏柜的相应端子测取。

交流滤波器单相元件测试电压时选取一大组滤波器场进行交流滤波器元件过电压测试，每种型号的滤波器取一相进行测量，SC 滤波器 1 路信号、DT11/24 滤波器 2 路信号、DT13/36 滤波器 2 路信号、HP3 滤波器 2 路信号，共 7 路信号。测试接线示意图如图 3-1、图 3-2 和图 3-3 所示（实线为系统原有接线，虚线为测试接入接线）。

3.1.2　交流滤波设备暂态电压测试应用

在直流系统运行中，两侧的换流站要吸收一定的无功功率。本次测试直流系统是在两侧换流站解锁后很短的时间内先后投入两组交流滤波器。随着直流输送功率和直流电压等条件的变化，投入的交流滤波器组数也进行相应的增加或减少，以满足直流系统的无功功率和谐波的要求。

投切交流滤波器将在交流母线和交流滤波器设备上产生暂态过电压，其暂态过电压的大小与避雷器的保护水平、断路器分合闸的相角和滤波器本身的参数等因素

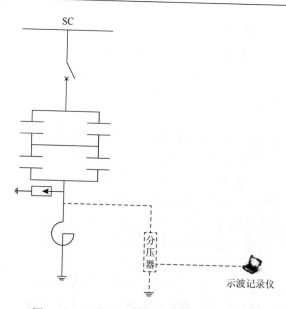

图 3-1　SC 滤波器测试用分压器安装示意图

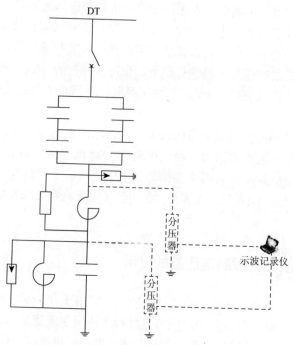

图 3-2　DT 滤波器测试用分压器安装示意图

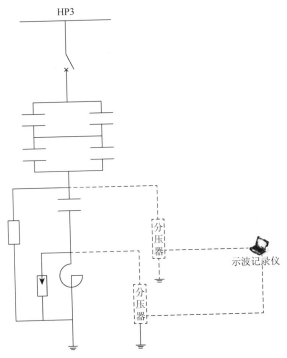

图 3-3　HP3 滤波器测试用分压器安装示意图

有关。本书中的工程案例中使用的断路器是某公司生产的型号为 3AP2FI 的 SF6 断路器，带有选相功能，即三相断路器可分别在母线电压过零点附近合闸，使合闸过电压降到最低。

　　±800kV 楚雄换流站共配置了 4 大组交流滤波器，其中第 4 大组交流滤波器有 5 个小组滤波器，分别由 2 小组单调谐滤波器和 3 小组双调谐滤波器构成；第 1 大组交流滤波器有 4 个小组滤波器，分别由 1 小组单调谐滤波器和 3 小组双调谐滤波器构成；第 2 大组及第 3 大组交流滤波器有 4 个小组滤波器，由 2 小组单调谐滤波器及 2 小组双调谐滤波器构成。

　　本次测试为便于现场接线，测试时主要选取第 1 大组交流滤波器（以下简称 ACF1）的编号为 562、563、564 的双调谐滤波器进行录波。

　　ACF1 电气主接线图如图 3-4 所示。

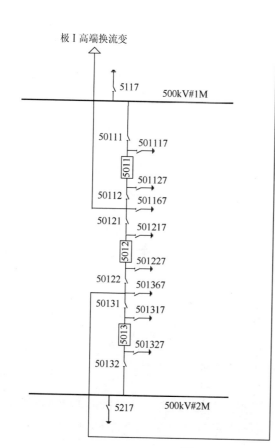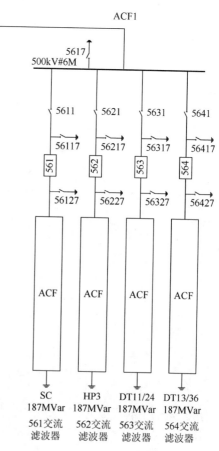

图 3-4　ACF1 电气主接线图

测试电气接线图如图 3-5、图 3-6 所示。

所进行测试的交流滤波器参数如表 3-1、表 3-2、表 3-3 所示。

表 3-1　562 双调谐滤波器技术参数（AC-滤波器 HP3）

参数/元件	$C1$	$C2$	$L1$	R
额定值	2.160μF	14.772μF	685.909mH	1800Ω
额定偏差/%	±0.5	±1.0	±0.5	±5.0
额定频率/Hz	50	50	50	50
雷电过电压/操作过电压（高压对低压）/kV	1300/1300	250/250	650/550	750/550
雷电过电压/操作过电压（高压对地）/kV	1550/1175	750/550	650/550	750/550
雷电过电压/操作过电压（低压对地）/kV	750/550	650/550	95/95	95/95
持续运行电压（高压对低压）/kVrms	360	60	100	40
持续运行电压（高压对地）/kVrms	320	40	100	40
持续运行电压（低压对地）/kVrms	40	100	—	—

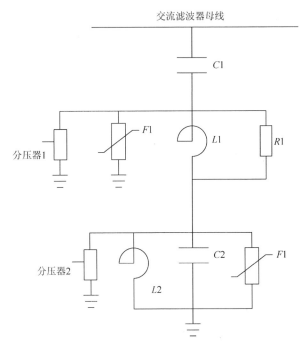

图 3-5　交流侧 DT11/24、DT13/36 双调谐交流滤波器过电压测试电气接线图

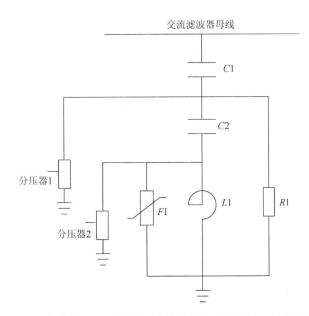

图 3-6　交流侧 HP3 双调谐交流滤波器过电压测试电气接线图

表 3-2　563 双调谐滤波器技术参数（AC-滤波器 DT11/24）

参数/元件	C1	C2	L1	L2	R
额定值	2.149μF	5.639μF	12.853mH	9.507mH	500Ω
额定偏差/%	±0.5	±1.0	±0.5	±0.5	±5.0
额定频率/Hz	50	50	50	50	50
雷电过电压/操作过电压（高压对低压）/kV	1300/1175	150/150	325/250	150/150	350/250
雷电过电压/操作过电压（高压对地）/kV	1550/1175	150/150	325/250	150/150	350/250
雷电过电压/操作过电压（低压对地）/kV	325/250	95/95	150/150	95/95	150/150
持续运行电压（高压对低压）/kVrms	380	40	30	40	30
持续运行电压（高压对地）/kVrms	320	40	70	40	70
持续运行电压（低压对地）/kVrms	70	—	40	—	40

表 3-3　564 双调谐滤波器技术参数（AC-滤波器 DT13/36）

参数/元件	C1	C2	L1	L2	R
额定值	2.153μF	3.867μF	6.242mH	9.058mH	500Ω
额定偏差/%	±0.5	±1.0	±0.5	±0.5	±5.0
额定频率/Hz	50	50	50	50	50
雷电过电压/操作过电压（高压对低压）/kV	1300/1175	150/150	325/250	150/150	350/250
雷电过电压/操作过电压（高压对地）/kV	1550/1175	150/150	325/250	150/150	350/250
雷电过电压/操作过电压（低压对地）/kV	325/250	95/95	150/150	95/95	150/150
持续运行电压（高压对低压）/kVrms	360	30	20	30	20
持续运行电压（高压对地）/kVrms	320	30	50	30	50
持续运行电压（低压对地）/kVrms	50	—	30	—	30

　　在进行滤波器组投切试验时，楚雄换流站交流侧系统电压比较高，每次仅能投入一组交流滤波器，因此仅在投切该小组滤波器时进行了测试。而在直流系统换流站解闭锁及升降功率时，不仅在投切接有测试设备的滤波器组（以下简称测试组）进行测试，而且在投切未接测试设备的滤波器组（以下简称其他组）时，对已投入的测试组滤波器也进行了测试，因为此时也会产生暂态过电压。

　　试验主要操作过程如下。

1. 直流解闭锁及直流功率升降时自动投切交流滤波器组典型波形

2009.12.12 12:03 楚雄站极Ⅱ-1 阀组对穗东站极Ⅱ-2 阀组解锁时，先投入 ACF1

第 3 小组交流滤波器，再投入 ACF1 第 4 小组交流滤波器，解锁时滤波器投入成功，录波成功。

2009.12.24　12:45　楚雄站极 II-1 阀组对穗东站极 II-1 阀组解锁时，先投入 ACF1 第 3 小组交流滤波器，再投入 ACF3 第 1 小组交流滤波器，解锁时滤波器投入成功，录波成功。

2009.12.24　14:35　楚雄站极 II-1 阀组对穗东站极 II-1 阀组闭锁时，先切除 ACF3 第 1 小组交流滤波器，再切除 ACF1 第 3 小组交流滤波器，闭锁时滤波器切除成功，录波成功。

2009.12.27　13:44　楚雄站极 II 双阀组对穗东站极 II 双阀组解锁时，先投入 ACF2 第 2 小组交流滤波器，再投入 ACF1 第 4 小组交流滤波器，解锁时滤波器投入成功，录波成功。

2009.12.27　17:19　楚雄站极 II 双阀组对穗东站极 II 双阀组闭锁时，先切除 ACF2 第 2 小组交流滤波器，再切除 ACF1 第 4 小组交流滤波器，闭锁时滤波器切除成功，录波成功。

2009.12.28　15:33　楚雄站极 II 双阀组对穗东站极 II 双阀组解锁后，在 1300MW 时进行无功参数修改，投入 ACF1 第 3 小组交流滤波器，滤波器投入成功，录波成功。

2009.12.28 17:08 楚雄站极 II 双阀组对穗东站极 II 双阀组解锁后，在 900MW 时进行无功参数修改，切除 ACF1 第 3 小组交流滤波器，滤波器切除成功，录波成功。

2010.01.07　14:02　楚雄站极 II 双阀组对穗东站极 II 双阀组解锁后，功率升至 900MW 时，投入 ACF1 第 2 小组交流滤波器，滤波器投入成功，录波成功。

2010.01.07　14:29　楚雄站极 II 双阀组对穗东站极 II 双阀组解锁后，功率降至 900MW 时，切除 ACF1 第 2 小组交流滤波器，滤波器切除成功，录波成功。

2010.01.08　11:07　楚雄站极 II 双阀组对穗东站极 II 双阀组解锁时，先投入 ACF1 第 3 小组交流滤波器，再投入 ACF3 第 1 小组交流滤波器，解锁时滤波器投入成功，录波成功。

2010.01.08 15:13 楚雄站极 II 双阀组对穗东站极 II 双阀组解锁后，功率升至 2400MW 时，投入 ACF1 第 4 小组交流滤波器，滤波器投入成功，录波成功。

2010.01.08　20:41　楚雄站极 II 双阀组对穗东站极 II 双阀组解锁后，功率升至 900MW 时，投入 ACF1 第 2 小组交流滤波器，滤波器投入成功，录波成功。

试验主要录波图如图 3-7 和图 3-8 所示。

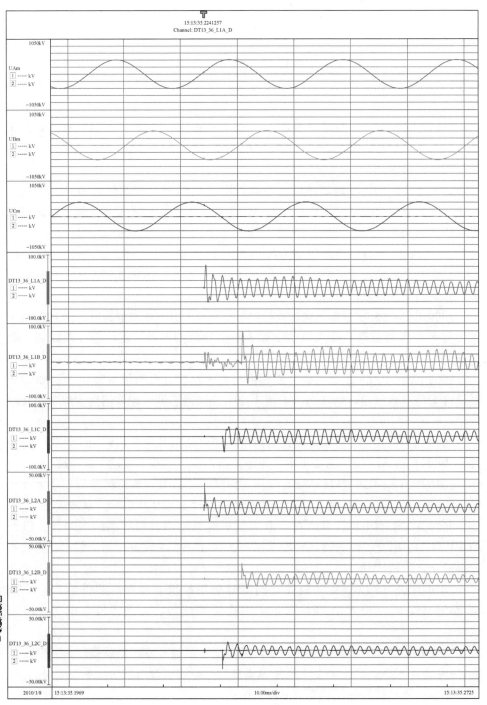

扫码查看彩图

图 3-7　投入 564 时交流滤波器各元件对地电压波形

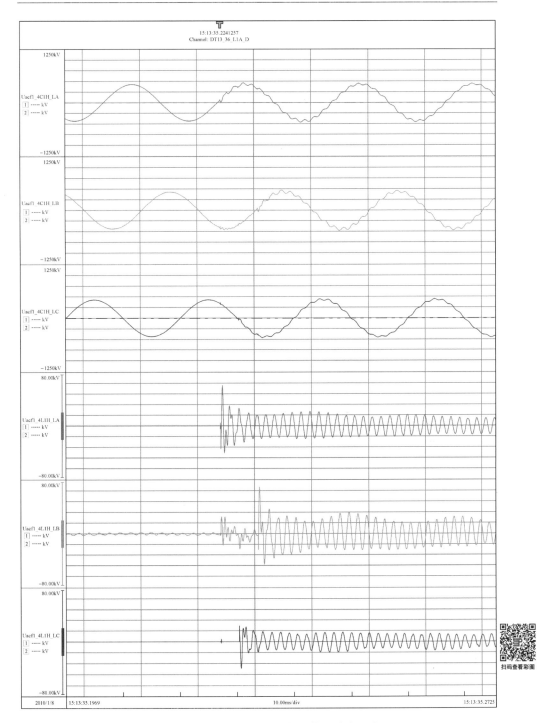

图 3-8　投入 564 时交流滤波器各元件两端电压波形

由录波图可以看出，在投入交流滤波器时 562、563、564 交流滤波器各元件对地及各元件两端均出现了过电压。

在本次测试过程中，在 562 交流滤波器投入时，$C2$ 高压端对地最大过电压峰值为 142.55kV，$L1$ 高压端对地最大过电压峰值为 176.73kV，$C1$ 两端最大过电压峰值为 547.98kV，$C2$ 两端最大过电压峰值为 76.43kV。

在 563 交流滤波器投入时，$L1$ 高压端对地最大过电压峰值为 81.6kV，$L2$ 高压端对地最大过电压峰值为 27.94kV，$C1$ 两端最大过电压峰值为 468.08kV，$C2$ 两端最大过电压峰值为 81.31kV。

在 564 交流滤波器投入时，$L1$ 高压端对地最大过电压峰值为 79.5kV，$L2$ 高压端对地最大过电压峰值为 34.82kV，$C1$ 两端最大过电压峰值为 472.92kV，$C2$ 两端最大过电压峰值为 69.36kV。

而切除时，除了 562 交流滤波器 $C2$ 高压端对地产生了过电压，563 交流滤波器、564 交流滤波器各元件对地及元件两端无明显过电压过程。

可见，交流滤波器在投入过程中所产生的过电压远小于技术规范的要求。同时，交流滤波器各元件在投入时的过电压值还是有可比性的，由此可见，西门子 3AP2 FI 的 SF6 断路器的选相合闸功能达到了预期的效果，将交流滤波器的过电压限制在比较小的范围内。因此，交流滤波器正常的投切是不会造成交流滤波器损坏的。

2. 直流功率阶跃及电流阶跃时交流滤波器组上典型波形

2010.01.08 14:03 楚雄站极Ⅱ双阀组对穗东站极Ⅱ双阀组解锁后，功率升至 2500MW 后，进行第一次 P 阶跃 0.5—0.45—0.5pu 时，记录在 563 交流滤波器小组上波形。

2010.01.08 14:37 楚雄站极Ⅱ双阀组对穗东站极Ⅱ双阀组解锁后，功率升至 2250MW 后，进行第三次 P 阶跃 0.45—0.5—0.45pu 时，记录在 563 交流滤波器小组上波形。

2010.01.08 15:57 楚雄站极Ⅱ双阀组对穗东站极Ⅱ双阀组解锁后，功率升至 2500MW 后，进行第一次 I 阶跃 1.0—0.92—1.0pu 时，记录在 563、564 交流滤波器小组上波形。

2010.01.08 17:37 楚雄站极Ⅱ双阀组对穗东站极Ⅱ双阀组解锁后，功率升至 2500MW 后，进行第四次 I 阶跃 1.0—0.5—1.0pu 时，记录在 563、564 交流滤波器小组上波形。

直流进行功率及电流下阶跃时，交流滤波器上各元件电压上升，阶跃完成后恢复正常，且电压上升量与直流阶跃量的大小相关。直流进行功率上阶跃时，交流滤波器上各元件电压下降。其波形及数据如图 3-9、图 3-10 及表 3-4 所示。

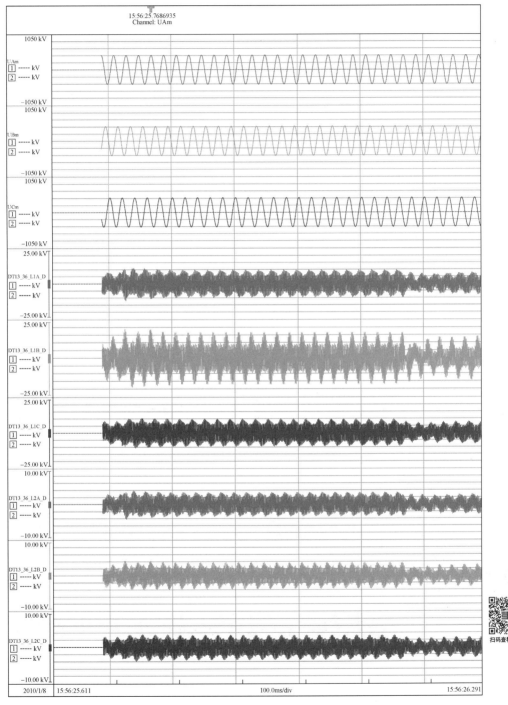

扫码查看彩图

图 3-9　阶跃时 564 交流滤波器小组上各元件对地波形

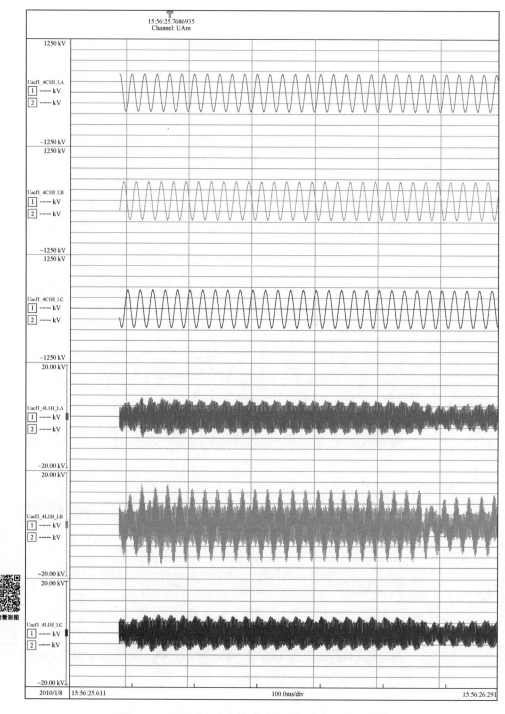

图 3-10　阶跃时 564 交流滤波器小组上各元件两端波形

表 3-4　交流滤波器投切过程中各元件最大电压值表

时间	操作	#6 母线电压/kV			L1（高压对地）/kV			L2（高压对地）/kV			C1（高压对低压）/kV			L1（高压对低压）/kV		
		A	B	C	A	B	C	A	B	C	A	B	C	A	B	C
2009.12.12 12:03	楚雄站极 II-1 阀组对穗东站极 II-2 阀组解锁时，先投入 ACF1 第 3 小组交流滤波器，再投入 ACF1 第 4 小组交流滤波器	443.90	446.22	-446.36	57.04	66.37	-27.85	23.29	26.33	-16.15	450.50	451.58	-453.68	56.35	65.05	-26.81
2009.12.27 13:44	楚雄站极 II 双阀组对穗东站极 II 双阀组解锁时，先投入 ACF2 第 2 小组交流滤波器，再投入 ACF1 第 4 小组交流滤波器	-435.38	436.70	-436.10	53.80	52.50	-31.66	21.07	21.27	-17.97	442.39	443.75	-441.57	52.99	50.79	-31.71
2009.12.27 17:19	楚雄站极 II 双阀组闭锁时，先切除 ACF2 第 2 小组交流滤波器，再切除 ACF1 第 4 小组交流滤波器	437.89	438.78	-437.12	-4.96	-5.11	5.11	-1.39	-2.30	-2.63	441.32	441.45	-438.92	-4.14	-3.29	3.76
2010.01.08 15:13	楚雄站极 II 双阀组对穗东站极 II 双阀组解锁后，功率升至 2400MW 时，投入 ACF1 第 4 小组交流滤波器	437.59	-437.56	-435.03	64.62	79.50	-43.93	34.82	22.21	-25.28	464.08	-472.92	-455.53	60.87	69.36	-39.06

3. 紧急闭锁及模拟最后一台断路器跳闸时交流滤波器组上典型波形

2010.01.08 18:15 楚雄站极 II 双阀组对穗东站极 II 双阀组解锁后，功率升至 2500MW，穗东站模拟 87DCB 动作，ESOFF 楚雄站极 II 低端阀组。

2010.01.08 20:48 楚雄站极 II 双阀组对穗东站极 II 双阀组解锁后，功率升至 1250MW，楚雄站模拟 87DCB 动作，ESOFF 楚雄站极 II 双阀组。

2010.01.16 00:36 楚雄站极 II 双阀组对穗东站极 II 双阀组解锁后，功率升至 300MW，穗东站模拟最后一台断路器跳闸动作，ESOFF 楚雄站极 II 双阀组。

波形如图 3-11 和图 3-12 所示，紧急闭锁时，交流滤波器出现电压波动，之后与阀组正常闭锁后切除交流滤波器情况相同，除 562 交流滤波器 C2 高压端对地电压外，其余交流滤波器在紧急闭锁时无明显过电压现象。

3.2　直流滤波设备暂态电压测试方法与应用

3.2.1　直流滤波设备暂态电压测试方法

选取直流滤波器进行元件过电压测试，共有 3 路信号。直流滤波器测试用分压器接线示意图如图 3-13 所示。

根据前面选取的测量信号的特点，需要配备的主要测量仪器及设备有交流系统用的电容分压器、直流系统用的阻容式分压器、便携式多通道暂态数字示波记录仪（以下简称记录仪）、从信号端到记录仪之间的测量电缆。

1）直流系统用的阻容式分压器

在直流极线和中性母线上，系统装有直流电压的测量装置，该测量装置就是采用的阻容式分压器，从以往的直流工程（如贵广 I 回、天广直流、三广直流等）来看，由于西门子公司提供的阻容式分压器（用在贵广 I 回、天广直流中）允许在其二次测控端子上抽取电压波形，在实际调试中直流极线和中性母线的电压就是这样抽取的。

对于直流滤波器的电感、电容上的电压信号，因其本身没有提供测量装置，所以需要外接专用的测量装置。目前，对直流滤波器电感的电压信号测量用的专用测量装置，有两种意见：①直流滤波器的接线方式是先接电容，再接电感等，而电容起隔离直流的作用，因此只需采用电容分压器即可满足要求；②直流侧测试只有用阻容式分压器，才能真实反映进行直流操作时的阶跃暂态过程。在实际工程（如贵广 I 回、天广直流）测量中，尽管采用了频响较高的阻容式分压器，但由于使用的测量仪器的采样率较低（为 10S/s～50kS/s），两者实

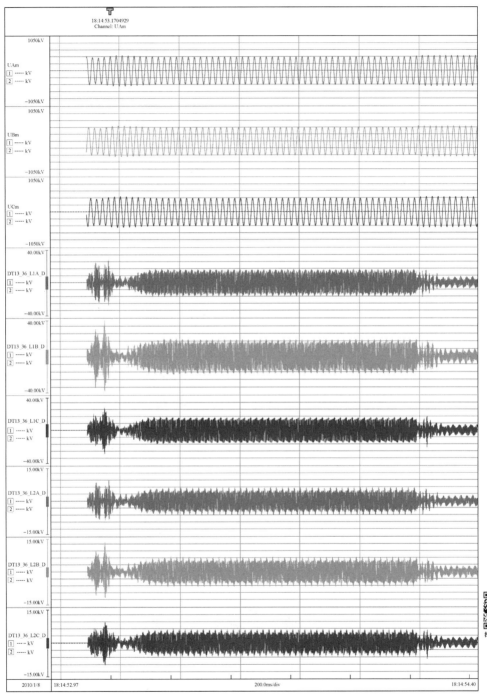

图 3-11　ESOFF 时 564 交流滤波器各元件对地电压波形

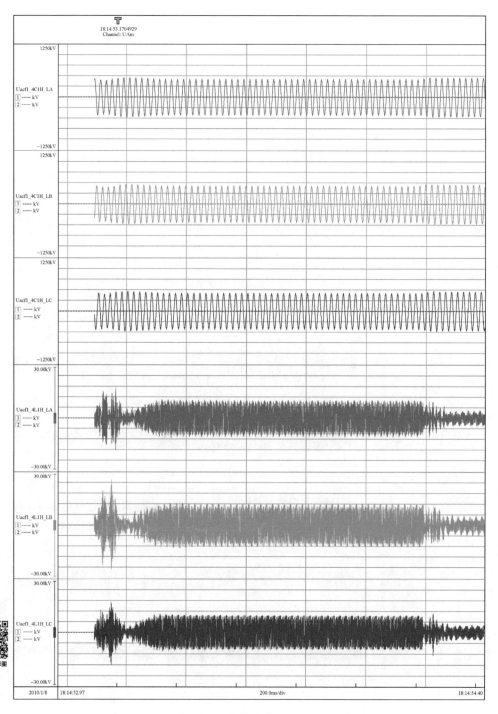

图 3-12　ESOFF 时 564 交流滤波器各元件两端电压波形

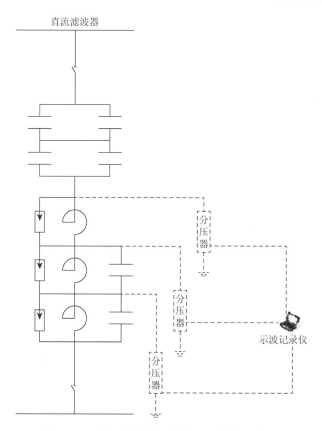

图 3-13　直流滤波器测试用分压器接线示意图

际上并不匹配。因此，对于直流侧电压信号的测量，应使用频响高的阻容式分压器，同时还需配置高采样率的记录仪，这样才能反映其过电压的真实水平。至于专用的阻容分压器的制作，要综合考虑被测设备上可能出现的最大过电压大小、现场的环境、测量系统的布置等因素，应专门立项研制，测试所用直流及交流分压器型号参数如表 3-5 所示。

表 3-5　测试所用直流及交流分压器型号参数

名称	型号	数量/台	稳态/kV	雷电波/kV	操作波/kV	编号/NO	变比 K	备注
直流冲击分压器	ZCLF/450	1	100	450	325	3111	4000	三调谐 $C1$
直流冲击分压器	ZCLF/325	1	100	325	325	3114	3000	三调谐 $C2$
直流冲击分压器	ZCLF/250	1	50	250	200	3105	2000	三调谐 $C3$

名称	型号	数量/台	稳态/kV	雷电波/kV	操作波/kV	编号/NO	变比 K	备注
直流冲击分压器	ZCLF/200	1	50	200	150	3110	2000	中性线母线电压
交流冲击分压器	JCLF/450	1	100	450	325	3091	4000	双调谐 $C1$
交流冲击分压器	JCLF/450	1	100	450	325	3092	4000	双调谐 $C1$
交流冲击分压器	JCLF/450	1	100	450	325	3093	4000	双调谐 $C1$
交流冲击分压器	JCLF/150	1	50	150	150	3085	1000	双调谐 $C2$
交流冲击分压器	JCLF/150	1	50	150	150	3086	1000	双调谐 $C2$
交流冲击分压器	JCLF/150	1	50	150	150	3087	1000	双调谐 $C2$
交流冲击分压器	JCLF/325	1	100	325	250	3100	2000	三调谐 $C1$（a 相）
交流冲击分压器	JCLF/325	1	100	325	250	3101	2000	三调谐 $C1$（b 相）
交流冲击分压器	JCLF/325	1	100	325	250	3094	2000	三调谐 $C1$（c 相）
交流冲击分压器	JCLF/250	1	100	250	250	3095	2000	三调谐 $C2$（a 相）
交流冲击分压器	JCLF/250	1	100	250	250	3096	2000	三调谐 $C2$（b 相）
交流冲击分压器	JCLF/250	1	100	250	250	3097	2000	三调谐 $C2$（c 相）
交流冲击分压器	JCLF/150	1	50	150	150	3088	1000	三调谐 $C3$（a 相）
交流冲击分压器	JCLF/150	1	50	150	150	3089	1000	三调谐 $C3$（b 相）
交流冲击分压器	JCLF/150	1	50	150	150	3090	1000	三调谐 $C3$（c 相）

2）记录仪

记录仪可以记录电压、电流信号的暂态和稳态波形，如实反映信号的变化过程，因此是过电压测试的主要设备，它的优良性能是直接如实反映信号的关键所在，也是分析的基础。

参考以往交、直流工程的测试结果，表 3-6 列出在进行过电压测量时记录仪配置的基本技术参数。

表 3-6　记录仪配置的基本技术参数

参数	技术指标
测试通道数量	≥8
采样率（sample rate）	≥100kS/s
记录容量（record length）	≥8MB
时标精度（timebase accuracy）	0.01%
通道隔离耐压	通道-机壳：AC2000V/min；通道-通道：AC2000V/min
电压测试通道	量程±200V；精度 1%
电流测试通道	量程±10A；精度 1%
工作环境温度	−5～+40℃

记录仪经历了由模拟记录仪（如光线示波记录仪、磁带记录仪）到数字记录仪（采用 A/D 转换器的记录仪）的发展过程。目前，现场过电压测量普遍采用数字记录仪。在日常测试工作中，普遍采用多通道（如 16 通道、8 通道）、记录容量大（如 10MB）、采样率高（如 10MS/s）的记录仪（如 DL750、OD200、DL850等），可以满足现场测试要求。

3.2.2　直流滤波设备暂态电压测试应用

1. 逆变侧人工接地故障试验（有通信）

在有通信条件下，逆变侧模拟人工接地故障时，极Ⅱ直流线路瞬时闭锁，故障消除后恢复正常（约 260ms）。$L1$ 首端、$L2$ 首端、$L3$ 末端的过电压比较高，避雷器正确动作，波形如图 3-14 所示。

2. 逆变侧人工接地故障试验（无通信）

在无通信条件下，逆变侧模拟人工接地故障时，极Ⅱ直流线路瞬时闭锁，故障消除后恢复正常（约 260ms）。$L1$ 首端、$L2$ 首端、$L3$ 末端的过电压比较高，避雷器正确动作，波形如图 3-15 所示。

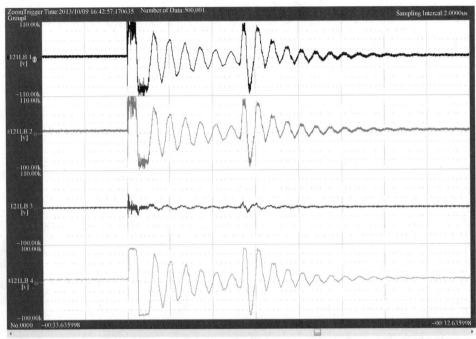

图 3-14　逆变侧人工接地故障试验（有通信）波形

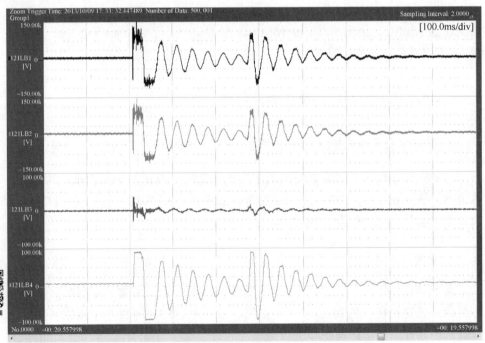

图 3-15　逆变侧人工接地故障试验（无通信）波形

3. 整流侧人工接地故障试验（有通信）

在有通信条件下，整流侧模拟人工接地故障时，极 II 直流线路瞬时闭锁，故障消除后恢复正常（约 260ms）。L1 首端、L2 首端、L3 末端的过电压比较高，避雷器正确动作，波形如图 3-16 所示。

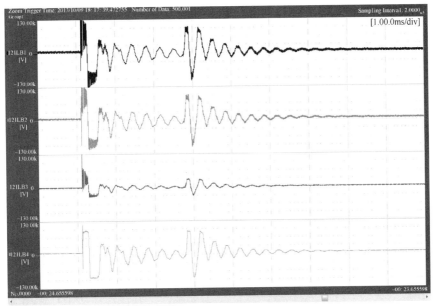

图 3-16　整流侧人工接地故障试验波形

通过分析图 3-14～图 3-16 可以得到，各次人工接地试验时暂态电压峰值如表 3-7 所示，均满足设备要求。

表 3-7　各种工况下暂态电压峰值

操作	典型波形	暂态电压峰值/kV			
		L1 首端	L2 首端	L3 首端	L3 末端
逆变侧接地故障（有通信）	图 3-14	108	107	38	91
逆变侧接地故障（无通信）	图 3-15	107	105	37	90
整流侧接地故障（有通信）	图 3-16	106	101	71	89

3.3　换流站地网暂态参数测试方法与应用

3.3.1　地网暂态参数测试方法

永富直流第一阶段为极 II 短路试验，试验示意图和测点汇总如图 3-17 及表 3-8 所示。

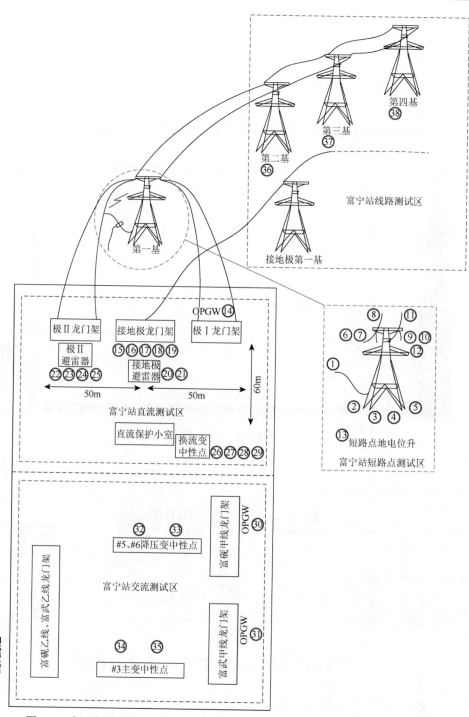

图 3-17 极Ⅱ短路试验富宁换流站站内交流测试区、直流测试区、短路点测试区、
线路测试区示意图

表 3-8　极 II 短路试验测点汇总

测试区	编号	测点	测量装置
富宁站短路 点测试区	①	富宁站侧短路点短路电流	Pearson1330×1（10 衰减×1）
	①～⑤	富宁站侧短路点杆塔接地装置引下线入地电流	Rocoil×2，Fluke i3000s×2
	⑥～⑫	富宁站侧短路点杆地线电流	Pearson5664×6，空电缆×1
	⑬	短路点地电位升	20kV 高压探头×1
富宁站直流 测试区	⑭	极 I 龙门架 OPGW 电流	Fluke i3000s×1
	⑮～⑲	直流接地极龙门架接地龙门架电流	Fluke i3000s×5
	⑳，㉑	接地极避雷器电流	Fluke i3000s×2
	㉒	避雷器电位升	冲击分压器×1
	㉓～㉕	测试位置选择在那个位置	15kV 高压探头×3
	㉖～㉙	换流变中性点电流	Fluke i3000s×4
富宁站交流 测试区	㉚，㉛	富砚甲线、富武甲线龙门架 OPGW 电流	Fluke i3000s×2
	㉜，㉝	#5、#6 降压变中性点电流	Fluke i3000s×2
	㉞，㉟	#3 主变中性点电流（a 相侧、c 相侧）	Fluke i3000s×2
富宁站线路 测试区	㊱～㊳	永富直流富宁站侧第二至四基杆塔接地装置引下线电流	Fluke i3000s×2，自制 CT×1

第二阶段为极 I 短路试验，测点汇总和试验示意图如表 3-9 及图 3-18 所示。

表 3-9　极 I 短路试验测点汇总

测试区	编号	测点	测量装置
富宁站短路 点测试区	①	富宁站交流短路点短路电流	Pearson1330×1 10 倍衰减×1
	②～⑤	富宁站交流短路点杆塔接地装置引下线入地电流	自制 101×4 10 倍衰减×4
	⑥～⑨	富宁站交流短路点杆地线电流	Pearson5664×4
	⑩	短路点地电位升	45kV 高压探头×1 10 倍衰减×1
富宁站直流 测试区	⑪	极 I 龙门架 OPGW 电流	自制 CT×1
	⑫，⑬	接地极母线避雷器电流	Fluke i3000s×2
	⑭～⑰	换流变中性点电流	Fluke i3000s×4
	⑱	避雷器电位升	冲击分压器×1
	⑲～㉑	换流站地网电位升	20kV 高压探头×1 15kV 高压探头×2
富宁站交流 测试区	㉒，㉓	富砚甲线、富武甲线龙门架 OPGW 电流	自制 CT×1 Fluke i3000s×1
	㉔～㉗	主变中性点电流	Fluke i3000s×4
	㉘，㉙	降压变中性点电流	Fluke i3000s×2

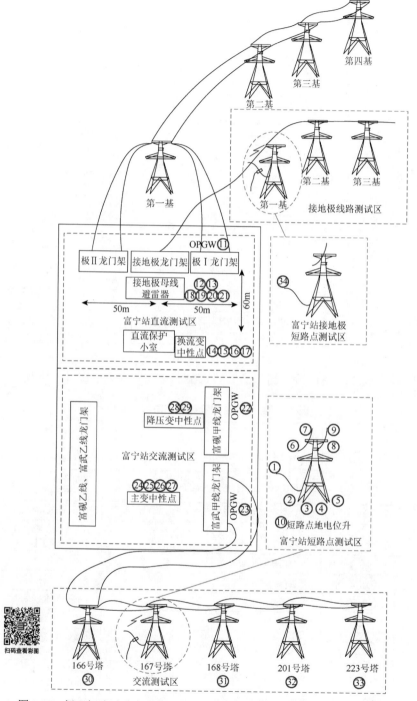

图 3-18　极 Ⅰ 短路试验富宁换流站站内交流测试区、直流测试区、短路点测试区、
线路测试区示意图

　　将短路电流与杆塔连接处的电位与距离杆塔 100m 远处的电位差作为短路点地电位升，用胶皮导线将短路电流与杆塔连接处的电位引至高压探头芯处，将距离杆塔 100m 远处的电位引至高压探头的地，高压探头输出接至示波器，UPS 供电。地电位需要用铁钉打入地下，再将胶皮导线剥去胶皮，使导线中的金属部分与铁钉良好接触并固定。

　　示波记录仪参考地（皮）选为避雷器附近换流站接地网，芯分别连接距离换流站 500m 的远方地、距离换流站 1000m 的远方地、换流站与直流场呈对角线位置的地。

3.3.2　地网暂态参数测试应用

1. 换流站地电位升

　　电压极距离换流站 1000m 的换流站地电位升如图 3-19 所示，暂态冲击过程持续 200μs，最大值为 2.48kV，最小值为–3.88kV，暂态平缓过程持续 115ms，最大值为 800V，最小值为–240V，主频为 0，次频为 53Hz。

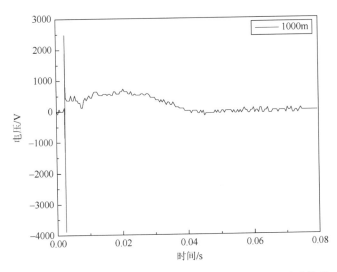

图 3-19　极Ⅱ富宁第二次人工短路试验富宁侧换流站地电位升

　　换流站地电位升波形与短路电流相差较小，即换流站入地电流包含暂态冲击过程和暂态平缓过程，前述不包含暂态平缓过程的量在计算分流时都不用考虑。

2. 短路点地电位升

　　电压极距离短路点 200m 的短路点的地电位升如图 3-20 和图 3-21 所示，结果如表 3-10 所示，根据分析，富宁短路过程中，频率方面，在短路点地电位升波形中，与地线电流相对，10Hz 不再是主频而是次频，1770Hz 则是主频，与地电位升波形暂态平缓过程的直流分量并不明显符合。暂态冲击过程持续时间为 130μs，暂态平缓过程持续时间为 30ms 左右，极Ⅱ永仁第一次人工短路试验暂态冲击过程持续 60μs，暂态平缓过程持续 25ms，两侧短路地电位升有轻微差别，主要原因为两侧短路电杆塔接地电阻有差异。

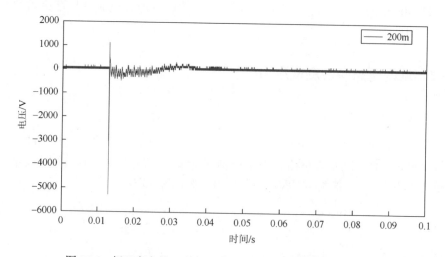

图 3-20　极Ⅱ富宁第一次人工短路试验富宁侧短路点地电位升

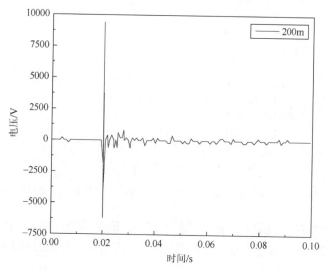

图 3-21　极Ⅰ富宁第二次人工短路试验富宁侧短路点地电位升

表 3-10　短路点地电位升

短路位置	暂态冲击过程短路点地电位升/kV		暂态平缓过程短路点地电位升/kV		频谱/Hz	
	最大值	最小值	最大值	最小值	主频	次频
极 II 永仁第一次人工短路	1.12	−5.28	0.32	−0.48	1800	30
极 I 富宁第二次人工短路	9.4	−6.2	1.4	−0.8	1770	10

3.3.3　交流短路地电位升特性

1. 短路点地电位升

图 3-22 为富武甲线第一次人工短路试验短路点地电位升。其暂态平缓过程峰值达到 2.5kV，暂态冲击过程持续 50μs，暂态平缓过程持续约 40ms。

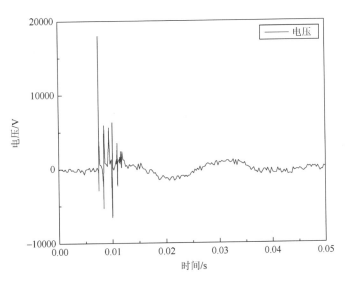

图 3-22　短路点地电位升

2. 换流站地电位升

图 3-23 为富武甲线第三次人工短路试验换流站地电位升的波形。地电位升暂态平缓过程时长工频约 40ms，暂态冲击过程持续 50μs。500m 测得的地电位升与 1000m 测得的地电位升相比，幅值要小一些，1000m 换流站地电位升暂态平缓过程峰值约为 3.3kV，1000m 与 500m 比例约为 1.3∶1。在富武乙线短路时，换流站地电位升 1000m 与 500m 比例约为 1.6∶1。

3. 二次电缆耦合电位差

图 3-24 和图 3-25 为富武甲线第一次人工短路时富武甲线龙门架至 52 小室二

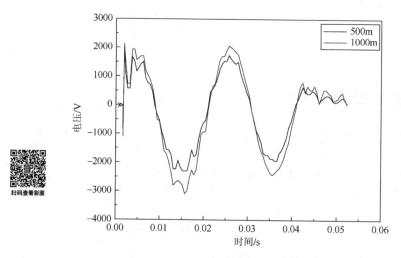

图 3-23　富宁换流站人工短路试验时富宁换流站地电位升

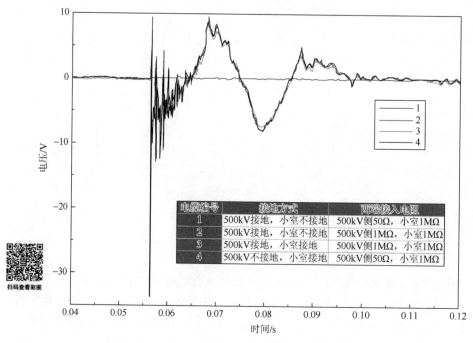

电缆编号	接地方式	两端接入电阻
1	500kV接地，小室不接地	500kV侧50Ω，小室1MΩ
2	500kV接地，小室不接地	500kV侧1MΩ，小室1MΩ
3	500kV接地，小室接地	500kV侧1MΩ，小室1MΩ
4	500kV不接地，小室接地	500kV侧50Ω，小室1MΩ

图 3-24　富武甲线龙门架至 52 小室二次电缆耦合电压（52 小室侧）

次电缆耦合电压，暂态冲击过程峰值不超过 40V。五次短路试验共测过三次二次电缆耦合电压，第一次为富武甲线第一次人工短路，电缆两端为富武甲线龙门架至 52 小室；第二次为富武甲线第三次人工短路，电缆两端为富武甲线龙门架至 52 小室；第三次为富武乙线第一次人工短路，电缆两端为富武乙线龙门架至 52 小室。三次试验数据如表 3-11 所示。

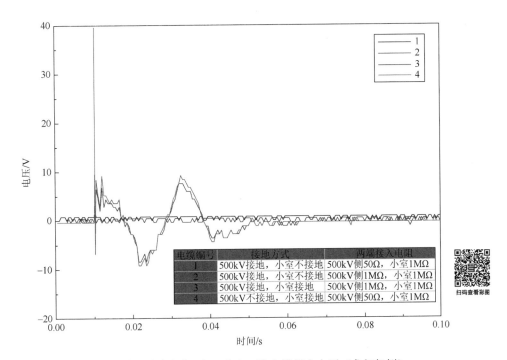

图 3-25　富武甲线龙门架至 52 小室二次电缆耦合电压（龙门架侧）

表 3-11　三次测量二次电缆耦合电压暂态过程峰值

测试位置	富武甲线 a 相电压/V	富武甲线 c 相电压/V	富武乙线 b 相电压/V
52 小室二次电缆耦合电压 1	9.367	25.5	25.5
52 小室二次电缆耦合电压 2	5.1	54.8	24.9
52 小室二次电缆耦合电压 3	18	54	25.5
52 小室二次电缆耦合电压 4	32.73	44	12
富武甲龙门架二次电缆耦合电压 1	5.6	—	—
富武甲龙门架二次电缆耦合电压 2	9.2	—	—
富武甲龙门架二次电缆耦合电压 3	21	—	—
富武甲龙门架二次电缆耦合电压 4	39.6	—	—

续表

测试位置	富武甲线 a 相电压/V	富武甲线 c 相电压/V	富武乙线 b 相电压/V
富武乙线龙门架二次电缆耦合电压 1	—	—	3.6
富武乙线龙门架二次电缆耦合电压 2	—	—	25.4
富武乙线龙门架二次电缆耦合电压 3	—	—	48
富武乙线龙门架二次电缆耦合电压 4	—	—	16

由图 3-24 和图 3-25 可见，所有二次电缆暂态过程峰值不超过 55V，感应电压较小，可认为人工短路时不需要考虑二次电缆耦合电压的问题。

第4章 串补工程短路接地试验暂态电流测试与应用

4.1 短路电流测试布局

本节以永富直流配套的砚山串补调试过程中人工短路试验为例进行介绍。

4.1.1 近区短路电流测试布局

近区短路共进行四次人工短路，依次为富砚乙线 a 相人工短路、富砚甲线 a 相人工短路、富砚乙线 b 相人工短路、富砚甲线 b 相人工短路。为合理分配人员、设备等，将测试区域分为砚山串补站测试区、砚山变电站测试区、短路点测试区、线路测试区四部分，图 4-1 给出富砚甲线、富砚乙线的四部分测点分布图。

砚山串补站测试区、砚山变电站测试区、短路点测试区、线路测试区具体编号及其对应测点见表 4-1。

表 4-1 测点及测量装置

测试区	编号	测量装置
短路点测试区	①～③	Pearson1330、Rocoil
	④～⑦	Pearson101
	⑧～⑩	Pearson5664
	⑪～⑬	Pearson5664
	⑭	20kV 高压探头
砚山串补站测试区	㊾	Pearson5664
	㉝～㊳	Fluke i3000s
	㊴～㊹	Fluke i3000s
	㊺～㊽	15kV 高压探头
砚山变电站测试区	㊿	Pearson5664
	51～57	Pearson4160 Pearson5664 Fluke i3000s
	58～63	Fluke i3000s
	64，65	Fluke i3000s
	66	Fluke i3000s
	67～72	Fluke i3000s
线路测试区	⑮～㉜	Pearson101

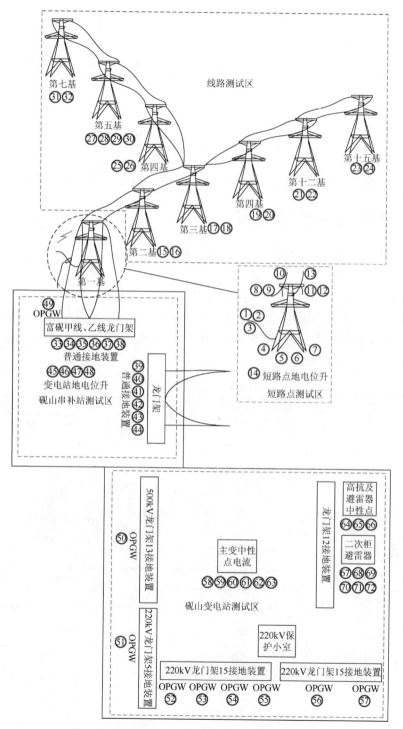

图 4-1　富砚甲线、富砚乙线的四部分测点分布图

第一次短路试验是富砚乙线 a 相短路试验，各测点详细接线方案如图 4-2～图 4-5 所示。

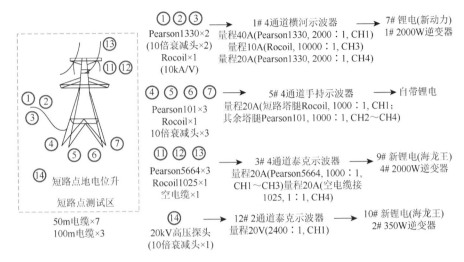

图 4-2　富砚乙线 a 相第一次短路点测试区接线方案示意图

第二次短路试验是富砚甲线 a 相短路试验，各测点详细接线方案如图 4-6～图 4-9 所示。

第三次短路试验是富砚甲线 a 相短路试验，各测点详细接线方案如图 4-10～图 4-13 所示。

第四次短路试验是富砚甲线 b 相短路试验，由于各方面因素，只测量了短路点（第三基杆塔）短路电流，以及第四基杆塔的接地下引线电流（四塔腿都处于连接状态）。

4.1.2　线路中部短路电流测试布局

为了配合调试的需要，短路试验位置在富武甲线#203 塔和#204 塔之间，短路电流经电缆引至#204 塔，短路相为富武甲线 b 相，全送广西方式下功率为 500MW 时进行三次短路，功率为 2260MW 时进行一次短路。

测点分布如图 4-14 所示。将测试部分分为短路点测试区和周围线路测试区，短路点测试区主要包括#204 塔的相关测点，周围线路测试区则包括#150 塔、#166 塔、#203 塔、#205 塔的相关测点，其中，#166 塔与#204 塔间隔约为 20km，#150 塔与#204 塔间隔约为 30km。

需要说明的是，由于#204 塔为猫头塔，面向小号侧右手边塔身存在马蜂窝，故现场作业人员无法登塔进行右侧地线 CT 的安装，仅能测量一条地线。各编号对应测点详细情况如表 4-2 所示。

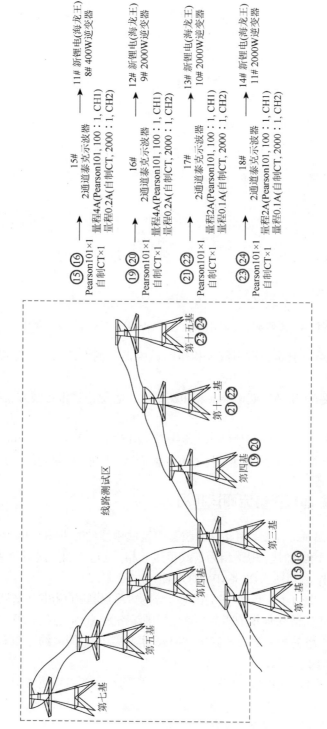

图 4-3　富砚乙线 a 相第一次线路测试区接线方案示意图

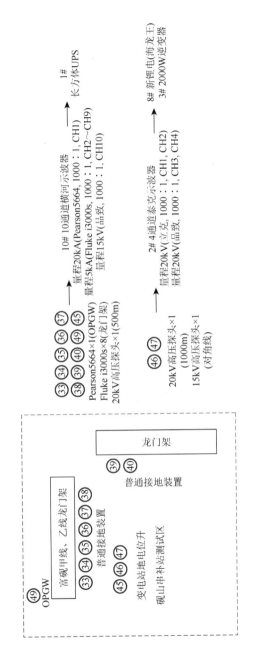

图 4-4　富砚乙线 a 相第一次砚山串补站测试区接线方案示意图

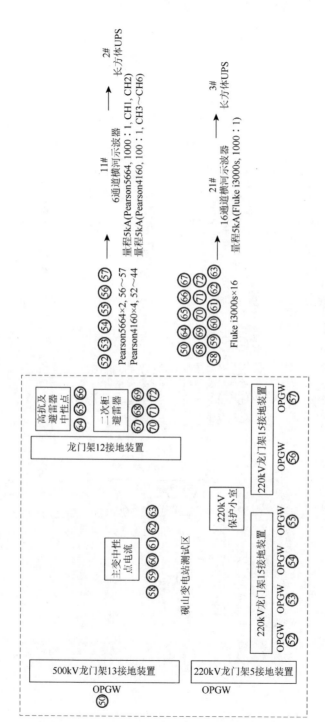

图 4-5　富砚乙线 a 相第一次砚山变电站测试区接线方案示意图

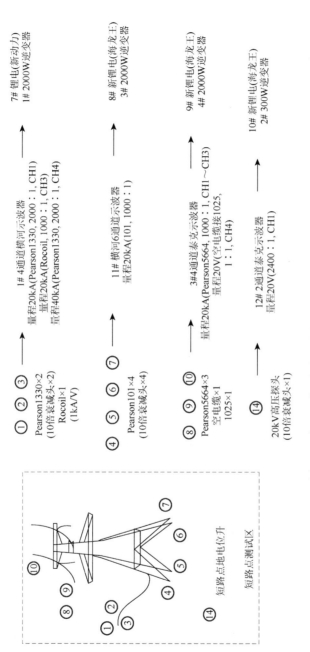

图 4-6　富砚甲线 a 相第二次短路点测试区接线方案示意图

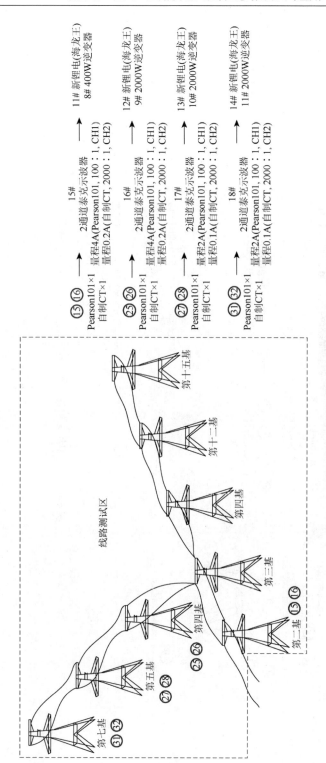

图 4-7 富砚甲线 a 相第二次线路测试区接线方案示意图

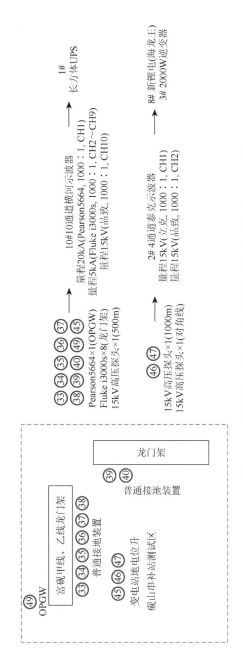

图 4-8　富砚甲线 a 相第二次砚山串补站测试区接线方案示意图

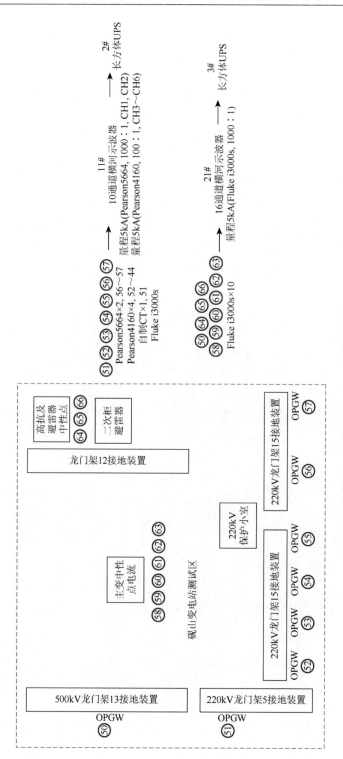

图 4-9　富砚甲线 a 相第二次砚山变电站测试区接线方案示意图

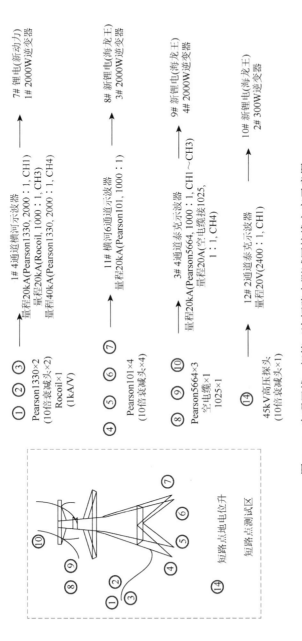

图 4-10　富砚甲线 a 相第三次短路点测试区接线方案示意图

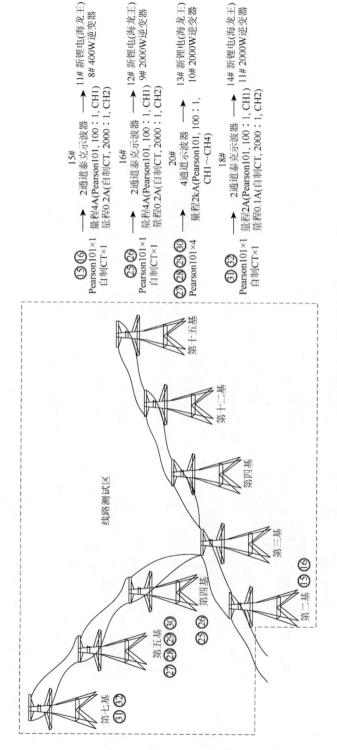

图 4-11　富砚甲线 a 相第三次线路测试区接线方案示意图

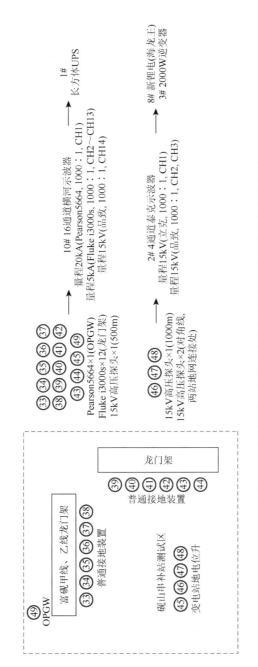

图 4-12　富砚甲线 a 相第三次砚山串补站测试区接线方案示意图

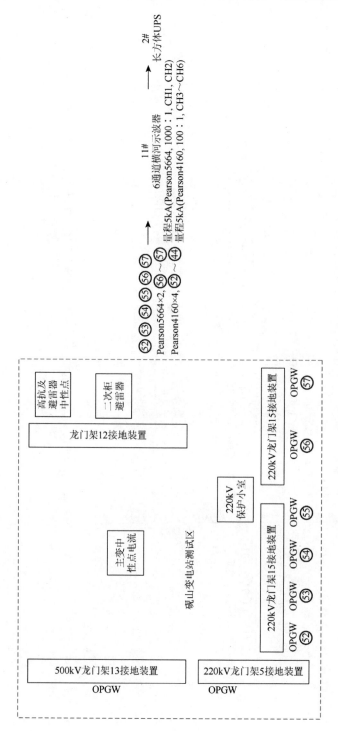

图 4-13 富砚甲线 a 相第三次砚山变电站测试区接线方案示意图

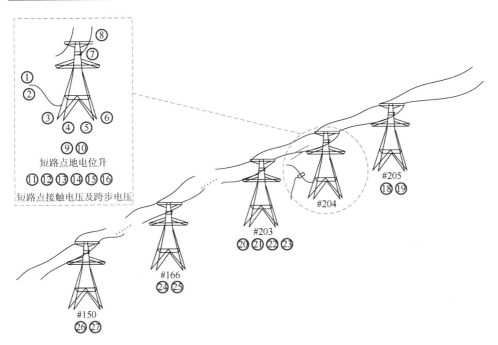

图 4-14　富武甲线靖西段交流人工短路测点分布示意图

表 4-2　各编号对应测点详细情况

测试区	编号	测点	测量装置
短路点测试区	①	短路电流	Pearson1330（箭头远离杆塔，接 10 倍衰减头，总变比 0.5V/kA）
	②	短路电流	Rocoil（1V/kA）
	③～⑥	#204 塔接地装置引下线入地电流	Pearson101×4（箭头朝上，接 10 倍衰减头，变比 1V/kA）
	⑦, ⑧	#204 塔地线电流	Pearson5664×2（箭头指向塔身，变比 1V/kA）
	⑨	短路点地电位升	20kV 立克高压探头（变比 1V/kV）
	⑩	短路点地电位升	15kV 品致高压探头（变比 1V/kV）
	⑪	1.8m 接触电压	15kV 品致高压探头（变比 1V/kV）
	⑫	0.6m 接触电压	
	⑬	距#204 塔 0～1.2m 间跨步电压	
	⑭	距#204 塔 1.2～2.4m 间跨步电压	
	⑮	距#204 塔 2.4～3.6m 间跨步电压	
	⑯	距#204 塔 3.6～4.8m 间跨步电压	

续表

测试区	编号	测点	测量装置
周围线路测试区	⑰，⑱	#205 塔接地装置引下线入地电流	Pearson101×2 箭头朝上
	⑲～㉒	#203 塔接地装置引下线入地电流	Pearson4160×4（大功率情况下接 10 倍衰减头，箭头朝上）
	㉓，㉔	#166 塔接地装置引下线入地电流	Pearson101×2（箭头朝上）
	㉕，㉖	#150 塔接地装置引下线入地电流	Pearson101×2（箭头朝上）

各测点详细接线方案如图 4-15 和图 4-16 所示。

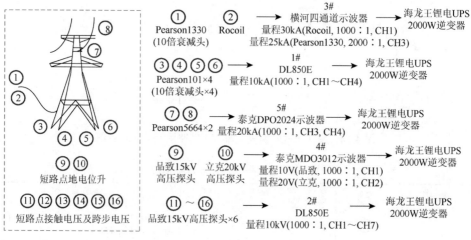

图 4-15　短路点测试区接线方案示意图

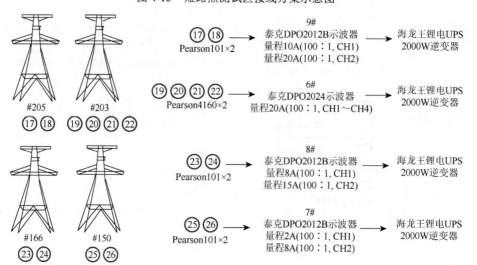

图 4-16　周围线路测试区接线方案示意图

4.2　短路电流测试应用

4.2.1　近区短路电流测试应用

　　第一次短路试验为富砚乙线 a 相短路试验，短路位置为第一基杆塔。第二次短路试验为富砚甲线 a 相短路试验，短路位置为第一基杆塔。第三次短路试验为富砚甲线 a 相短路试验，短路位置为第一基杆塔。第四次短路试验为富砚甲线 b 相短路试验，短路位置为第三基杆塔。

4.2.2　短路点及附近电流分布特征

　　1. 短路点短路电流特征

　　由于第一次试验短路电流波形未测全，故只讨论后三次的短路电流波形。如图 4-17 所示，其中第二次、第四次短路试验都持续约 40ms，第三次短路试验持续

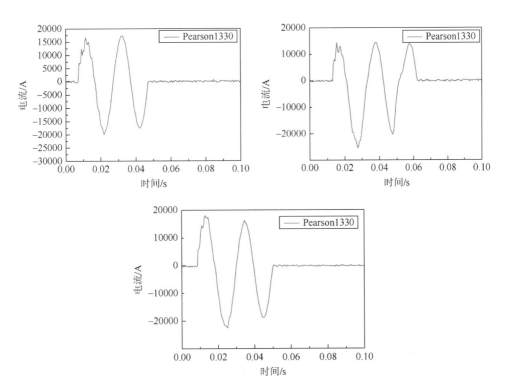

图 4-17　三次短路电流（左上：第二次，右上：第三次，下：第四次）

时间相对较长，持续约 50ms。从波形可以看出，三次富砚甲线短路电流波形、幅值较为相似，短路电流包含直流分量和交流分量，在持续过程中，直流分量和交流分量的幅值都呈现衰减变化的趋势。

三次短路电流幅值如表 4-3 所示。

表 4-3　三次短路电流幅值

短路次数	暂态平缓过程各波峰幅值短路电流/kA				
	第一个	第二个	第三个	第四个	第五个
第二次短路	17.5	−20.3	18.33	−17.78	—
第三次短路	13.92	−25.5	14.79	−20.79	14.4
第四次短路	18.93	−22.93	16.27	−19.33	—

三次短路电流最大峰值依次为 20.3kA，25.5kA，22.93kA，三个短路电流波形的第一个负半峰都是所有峰里面幅值最大的。

三次短路电流的频谱分析如表 4-4 所示。

表 4-4　三次短路电流的频谱分析

短路次数	短路电流主频/Hz	短路电流次频/Hz
第二次短路	50	10、530
第三次短路	50	20、530
第四次短路	50	530

三次短路电流主频为 50Hz，此外还含有较多的 10Hz 及 20Hz 低频分量，以及部分 530Hz 的中频分量。典型频谱图如图 4-18 所示。

2. 短路电流在短路点杆塔上的分布特性

本次试验由于只测量了一边的地线电流，且实测数据较多无波形，有效数据仅 6 个波形，或只有短路瞬时的暂态冲击部分，并无暂态平缓部分，故无法给出分流比。且由于第四次试验只测了短路电流，故不考虑第四次试验的数据。表 4-5 给出短路点杆塔入地电流分流情况，表 4-6 给出短路点杆塔地线电流分流情况。T1～T8 的位置说明由图 4-19 给出。在考虑分流时不考虑暂态冲击过程，只考虑以低频成分为主的暂态平缓过程下的分流系数。

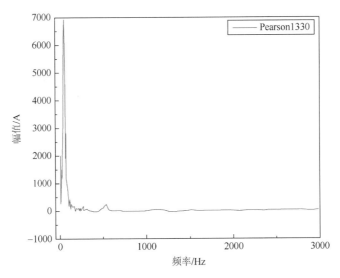

图 4-18　第二次短路电流频谱图（主频为 50Hz）

表 4-5　短路点杆塔入地电流分流情况

短路次数	短路点杆塔入地电流/kA				
	T1	T2	T3	T4	数值和
第一次短路	—	—	—	—	—
第二次短路	4.533	—	1.25	—	—
第三次短路	—	—	—	2.317	—

表 4-6　短路点杆塔地线电流分流情况

短路次数	短路点杆塔地线电流/kA					
	T5 内侧	T5 外侧	T6	T7	T8 外侧	T8 内侧
第一次短路	—	—	—	2.4	—	—
第二次短路	—	8.2	2.2	—	—	—
第三次短路	—	—	—	—	—	—

由表 4-5 和表 4-6 可见，由于数据缺失过多，无法假设推导幅值，故无法得到分流比。

由图 4-20 可见，地线电流波形除第一个波峰有锯齿状毛刺外，较为平滑，与短路电流类似，暂态冲击过程为 0.1ms，暂态平缓过程为 50ms。由图 4-21 则可见，杆塔接地下引线电流第一个半波出现了截波现象，说明电流此时未从传感器所包住的下引线流动。

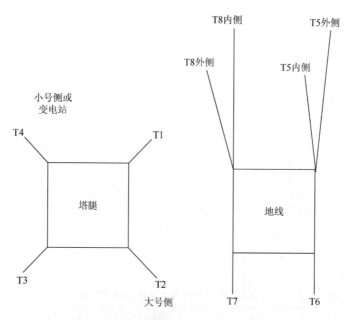

图 4-19　杆塔塔腿及地线接线示意图

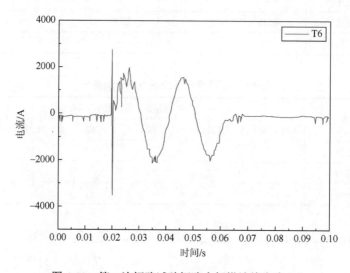

图 4-20　第二次短路试验短路点杆塔地线电流 T6

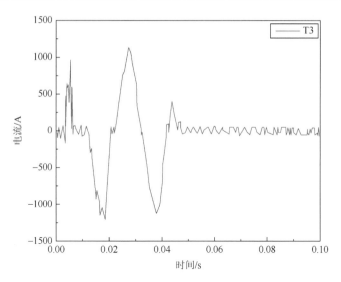

图 4-21　第二次短路试验短路点杆塔接地下引线电流 T3

短路点杆塔地线电流和接地下引线电流的频谱如表 4-7 所示。

表 4-7　短路点杆塔地线电流和接地下引线电流的频谱

位置	第一次短路电流频率/Hz		第二次短路电流频率/Hz		第三次短路电流频率/Hz	
	主频	次频	主频	次频	主频	次频
地线电流 T7	50	20	—	—	—	—
地线电流 T5 外侧	—	—	50	—	—	—
地线电流 T6	—	—	50	530	—	—
入地电流 T1	—	—	50	—	—	—
入地电流 T3	—	—	50	—	—	—
入地电流 T4	—	—	—	—	50	530

由表 4-7 可见，其暂态平缓过程主频为 50Hz，且部分数据包含少量的次频分量如 20Hz 分量，以及中频分量如 530Hz 分量。

3. 周围杆塔入地电流

将各次短路试验的杆塔入地电流如表 4-8 所示。其典型波形如图 4-22 所示。

表 4-8　四次短路试验非短路点杆塔接地下引线电流

位置	第一次短路 电流/kA	第二次短路 电流/kA	第三次短路 电流/kA	第四次短路 电流/kA
第二基杆塔入地电流	—	1.96	1.96	—
乙线第四基杆塔入地电流	0.288	—	—	—
乙线第十二基杆塔入地电流	0.222	—	—	—
乙线第十五基杆塔入地电流	0.046	—	—	—
甲线第四基杆塔入地电流	—	0.43	—	3.56（数值和）
甲线第五基杆塔入地电流	—	0.064	—	—
甲线第七基杆塔入地电流	—	0.03	—	—
两站间杆塔入地电流	—	—	1.24	—

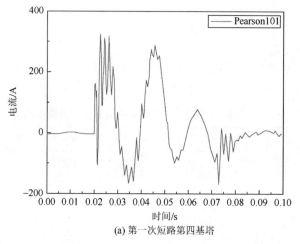

(a) 第一次短路第四基塔

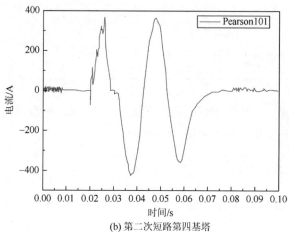

(b) 第二次短路第四基塔

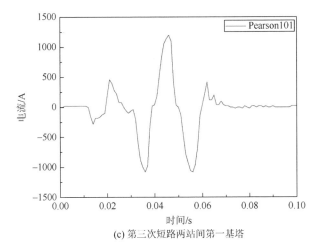

(c) 第三次短路两站间第一基塔

图 4-22 周围杆塔入地电流波形图

第一次短路试验，乙线四、十二、十五基杆塔的入地电流分别为 0.288kA、0.222kA、0.046kA，符合逐渐减小的规律，但第四基杆塔和十二基杆塔相差较远，而两者的入地电流较为接近，是因为暂态平缓过程入地电流不但与电流衰减程度有关，还与对应杆塔的接地电阻大小有关，如果接地电阻小，则入地电流大。

第二次短路试验，第二基杆塔，甲线第四、五、七基杆塔入地电流快速衰减，符合逐渐减小的规律。

第三次短路试验，第二基杆塔入地电流和第二次的几乎一样，也符合实际工况。而两站间杆塔入地电流较大，说明有较多的电流从串补站侧面龙门架流出至变电站再入地，幅值在千安培级别。

第四次短路试验，短路点为第三基杆塔，同时测量第四基杆塔四个接地下引线的电流，其最大电流数值和达 3.56kA，但因为缺乏相关参照，所以无法说明断开 3 个下引线只测 1 个下引线与同时测量 4 个下引线的区别。

前三次短路试验周围杆塔入地电流的频谱如表 4-9 所示。

表 4-9 前三次短路试验周围杆塔入地电流频谱

位置	第一次短路入地电流频率/Hz		第二次短路入地电流频率/Hz		第三次短路入地电流频率/Hz	
	主频	次频	主频	次频	主频	次频
第二基杆塔入地电流	—	—	50	140	50	—
乙线第四基杆塔入地电流	50	10	—	—	—	—
乙线十二基杆塔入地电流	50	10	—	—	—	—
乙线十五基杆塔入地电流	50	10	—	—	—	—

位置	第一次短路入地电流频率/Hz		第二次短路入地电流频率/Hz		第三次短路入地电流频率/Hz	
	主频	次频	主频	次频	主频	次频
甲线第四基杆塔入地电流	—	—	50	10	50	10
甲线第五基杆塔入地电流	—	—	50	10、530	50	10、530
甲线第七基杆塔入地电流	—	—	50	10、530	50	10、530
两站间杆塔入地电流	—	—	—	—	50	—

可见，所有周围杆塔入地电流频谱都有 50Hz，且包含 10Hz 的低频分量以及 530Hz 的中频分量。

4.2.3　变电站内短路电流分布特征

1. 甲乙线进线龙门架 OPGW 及接地下引线电流

甲乙线龙门架 OPGW 电流如图 4-23 所示，甲乙线龙门架接地下引线电流如图 4-24 所示，串补站龙门架接地下引线位置及编号则是由图 4-25 给出。

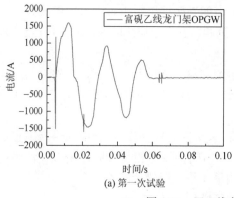
(a) 第一次试验

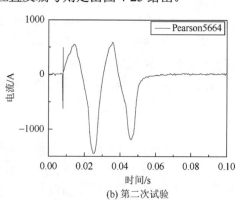
(b) 第二次试验

图 4-23　甲乙线龙门架 OPGW 电流

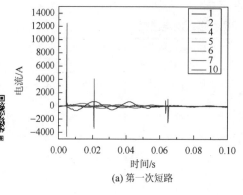
(a) 第一次短路

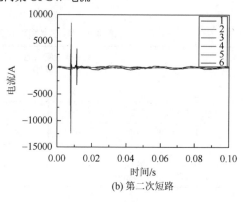
(b) 第二次短路

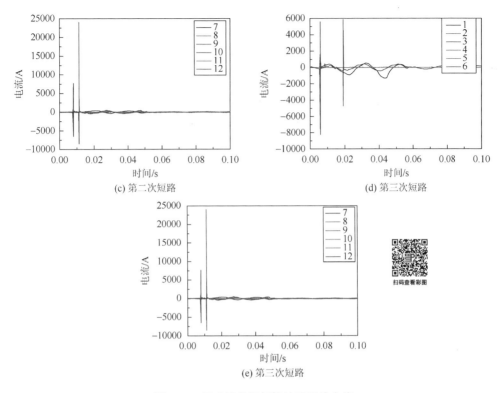

(c) 第二次短路　　　　　　　　　　(d) 第三次短路

(e) 第三次短路

图 4-24　甲乙线龙门架接地引下线电流

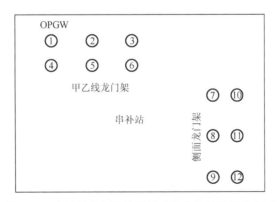

图 4-25　串补站龙门架接地引下线位置及编号示意图

　　表 4-10 给出龙门架 OPGW 电流及接地下引线电流的, 其幅值以暂态平缓过程第二个波峰幅值为准。其中, 未填充的量测得的值都为 0。

　　由表 4-10 可得, 乙线和甲线短路时, 甲乙线龙门架 OPGW 上电流幅值很接近, 因此可以假设对于变电站内部部分测点, 如龙门架接地引下线等, 两次试验波形幅值不会相差很大。

表 4-10 龙门架 OPGW 电流及接地下引线电流

位置	第一次短路电流测量量/kA	第二次短路电流测量量/kA	第三次短路电流测量量/kA
甲乙线龙门架 OPGW	−1.483	−1.46	—
甲乙线龙门架接地引下线电流 1	—	0.2	−0.947
甲乙线龙门架接地引下线电流 2	−0.057	−0.293	0.047
甲乙线龙门架接地引下线电流 3			
甲乙线龙门架接地引下线电流 4	−0.107		
甲乙线龙门架接地引下线电流 5	−0.117		
甲乙线龙门架接地引下线电流 6	−0.387	−0.47	−0.42
侧面龙门架接地引下线电流 7	0.071	0.423	−0.363
侧面龙门架接地引下线电流 8	—	−0.24	
侧面龙门架接地引下线电流 9	—	−0.053	−0.127
侧面龙门架接地引下线电流 10	0.257	−0.347	0.24
侧面龙门架接地引下线电流 11	—	−0.233	−0.053
侧面龙门架接地引下线电流 12		−0.467	−0.083

从第二次短路试验得到的结果来看，甲乙线龙门架和侧面龙门架入地电流都存在符号相反的电流，因此两个龙门架都存在环流。

将第二次短路侧面龙门架入地电流相加，得到数值和为–0.917kA，再将第三次短路侧面龙门架入地电流相加，得到数值和为–0.386kA。结合第三次短路试验侧面龙门架出线第一基塔入地电流–1.14kA 可以得出，有部分电流从架空地网直接流入出线地线，经第一基塔入地。总的来说，从数值和上可以得出，短路电流沿地线进站后，在甲乙线龙门架直接入地的分量并不多，约 1kA。

表 4-11 给出龙门架 OPGW 及接地引下线电流频谱结果。

表 4-11 龙门架 OPGW 及接地引下线电流频谱结果

位置	第一次短路电流测量量/kA		第二次短路电流测量量/kA		第三次短路电流测量量/kA	
	主频	次频	主频	次频	主频	次频
甲乙线龙门架 OPGW	50	20	50	10	—	—
甲乙线龙门架接地引下线电流 1	50	0	50	0	50	20
甲乙线龙门架接地引下线电流 2	50	20	50	60	50	20
甲乙线龙门架接地引下线电流 3	—	—	—	—	—	—
甲乙线龙门架接地引下线电流 4	50	20				

位置	第一次短路电流测量量/kA		第二次短路电流测量量/kA		第三次短路电流测量量/kA	
	主频	次频	主频	次频	主频	次频
甲乙线龙门架接地引下线电流 5	50	20	—	—	—	—
甲乙线龙门架接地引下线电流 6	50	20	50	60	50	20
侧面龙门架接地引下线电流 7	50	20	50	10	50	20
侧面龙门架接地引下线电流 8	—		50	10、530	50	20
侧面龙门架接地引下线电流 9			50	10、530	50	20
侧面龙门架接地引下线电流 10	50		50	10、530	50	20
侧面龙门架接地引下线电流 11	—		50	10、530	50	20
侧面龙门架接地引下线电流 12			50	10、530	50	20

可见，与短路电流一样，龙门架 OPGW 及接地引下线电流仍以 50Hz 为主，包含少量的 20Hz、10Hz、530Hz 分量。

2. 主变中性点电流

第一次和第二次短路试验都测量了主变中性点电流，但两次测量差别较大，如表 4-12、图 4-26～图 4-28 所示。

表 4-12　主变中性点电流

位置	第一次短路电流幅值/A	第二次短路电流幅值/A
#1 主变近端	36.67	—
#1 主变远端	33.33	391
#2 主变近端	33.33	534
#2 主变远端	33.33	—
#3 主变近端	33.33	430
#3 主变远端	10	−8

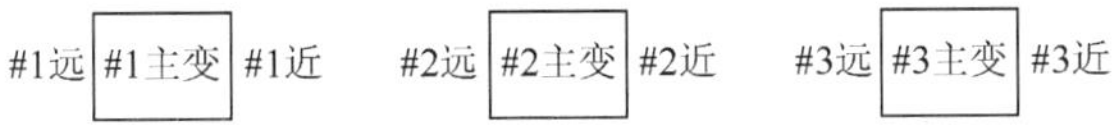

#1远 #1主变 #1近　　#2远 #2主变 #2近　　#3远 #3主变 #3近

图 4-26　主变中性点测点位置及编号示意图

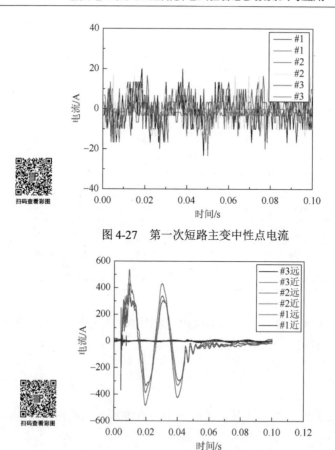

图 4-27　第一次短路主变中性点电流

图 4-28　第二次短路主变中性点电流

可见，两次试验主变中性点流过的电流相差较大，第一次均不超过 40A，其大小可以忽略，而第二次每台变压器都有一个中性点支路达 400A，此时约有 1200A 的电流回流至线路而不从变电站地网入地，因此计算分流时需要扣除这一部分电流。

由于第一次电流过小，不做频谱分析，第二次的主变中性点电流频谱分析如表 4-13 所示。

表 4-13　第二次的主变中性点电流频谱分析

位置	第二次短路试验频谱测量量/Hz	
	主频	次频
主变中性点电流#1 远	50	10
主变中性点电流#2 近	50	10
主变中性点电流#3 近	50	10
主变中性点电流#3 远	50	10

可见，主变中性点电路主频为 50Hz，还包含少量的 10Hz 次频分量。

3. 高抗中性点电流

两次短路试验的高抗中性点电流如图 4-29 及图 4-30 所示，测点位置及编号说明如图 4-31 所示，电流幅值及频谱如表 4-14 及表 4-15 所示。

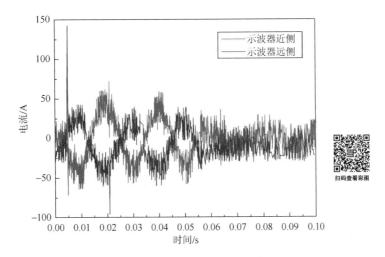

图 4-29　第一次短路高抗中性点电流

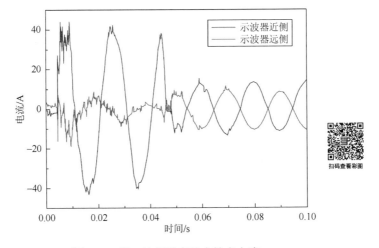

图 4-30　第二次短路高抗中性点电流

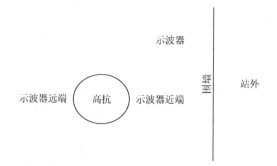

图 4-31　高抗中性点电流测点位置及编号说明

表 4-14　高抗中性点电流幅值

位置	第一次短路电流幅值/kA	第二次短路电流幅值/kA
高抗中性点近端	0.043	0.044
高抗中性点远端	−0.063	−0.019

表 4-15　高抗中性点电流频谱

位置	第一次短路电流频率/Hz		第二次短路电流频率/Hz	
	主频	次频	主频	次频
高抗中性点近端	50	0	50	—
高抗中性点远端	50	20	50	530

　　由图 4-29 及图 4-30 可见，正常工况下高抗中性点存在两个幅值接近、方向相反的电流，短路过程中，其仍保持电流方向相反的特性，并出现不同程度的幅值改变。高抗中性点电流的最大峰值为 63A，相比进站电流可以忽略。

4. 220kV 及 500kV 出线 OPGW 电流

　　500kV 龙门架的 OPGW 电流两次测量都仅有短路瞬时的脉冲，而没有后续的暂态平缓过程，故认为流经 500kV 龙门架的 OPGW 电流为 0。因此，只分析 220kV 龙门架的 OPGW 电流，如图 4-32～图 4-34 所示。图 4-35 为 OPGW 测点位置及编号示意图，表 4-16 及表 4-17 则为 OPGW 电流的幅值及频谱分析。

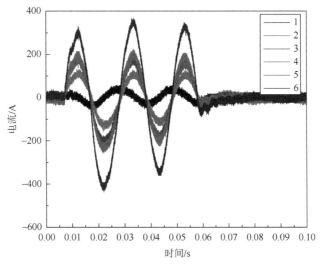

图 4-32　第一次短路 220kV 龙门架 OPGW 电流

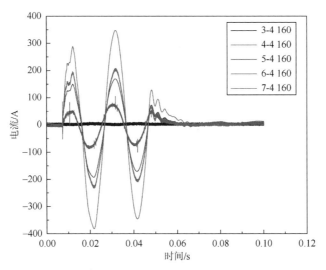

图 4-33　第二次短路 220kV 龙门架 OPGW 电流

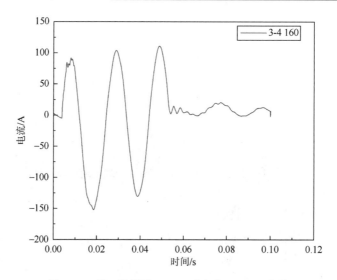

图 4-34　第三次短路 220kV 龙门架 OPGW 电流

图 4-35　220kV 龙门架 OPGW 电流位置及编号示意图

表 4-16　220kV 龙门架 OPGW 电流幅值

位置	第一次短路电流幅值/kA	第二次短路电流幅值/kA	第三次短路电流幅值/kA
220kV-OPGW 电流 1	0.057	—	—
220kV-OPGW 电流 2	0.157	—	—
220kV-OPGW 电流 3	0.217	—	0.152
220kV-OPGW 电流 4	0.25	0.23	—
220kV-OPGW 电流 5	0.257	0.193	—
220kV-OPGW 电流 6	0.437	0.381	—
220kV-OPGW 电流 7	—	0.088	—
数值和	1.375	0.892	0.152

表 4-17　220kV 龙门架 OPGW 电流频谱

位置	第一次短路电流频率/Hz		第二次短路电流频率/Hz		第三次短路电流频率/Hz	
	主频	次频	主频	次频	主频	次频
220kV-OPGW 电流 1	50	20	—	—	—	—
220kV-OPGW 电流 2	50	20	—	—	—	—
220kV-OPGW 电流 3	50	20	—	—	50	10
220kV-OPGW 电流 4	50	20	50	—	—	—
220kV-OPGW 电流 5	50	20	50	—	—	—
220kV-OPGW 电流 6	50	20	50	—	—	—
220kV-OPGW 电流 7	—	—	50	—	—	—

由此可见，第一次短路 6 条 OPGW 总的电流数值和为 1.375kA，第二次因为测点数量减少，数值和为 0.892kA，若通过求平均再乘以数量的假设推导，可以得到 0.892×7/4 = 1.561kA，同理第一次的电流为 1.375×7/6 = 1.604kA。因此，认为 220kV 龙门架 OPGW 电流会将进站的电流分流，约 1.5kA，与主变中性点所流过的电流接近。

220kV 龙门架 OPGW 电流的频率同样也是以 50Hz 为主频，包含少量的 10Hz、20Hz 低频分量。

4.2.4　中部短路电流测试应用

1. 短路电流总体特征

如图 4-36 所示，短路持续时间为 40ms 左右，其中，第一次、第三次、第四次短路试验都持续约 40ms，第二次短路试验持续时间相对较长，约为 50ms。从波形可以看出，短路电流包含直流分量和交流分量，在持续过程中，直流分量和交流分量的幅值都呈现衰减变化的趋势。

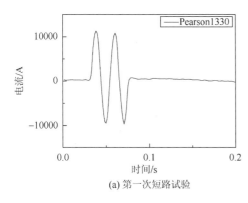
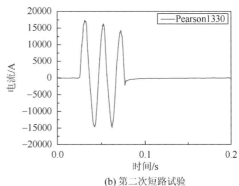

(a) 第一次短路试验　　　　　　　　　　　(b) 第二次短路试验

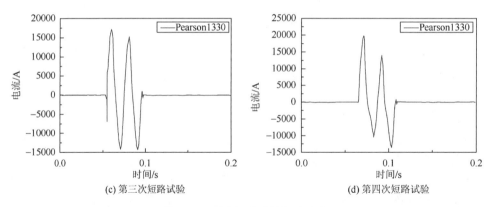

(c) 第三次短路试验　　　　　　　　　(d) 第四次短路试验

图 4-36　四次短路试验短路电流

四次短路试验短路电流幅值如表 4-18 所示。

表 4-18　四次短路试验短路电流幅值

短路次数	暂态冲击峰短路电流幅值/kA		暂态平缓过程各波峰短路电流幅值/kA				
	最大值	最小值	第一个	第二个	第三个	第四个	第五个
第一次短路	—	—	16.5	−15.2	15.2	−15.1	—
第二次短路	—	—	17.6	−15	16.4	−15.2	14.7
第三次短路	6.3	−6.8	17.2	−14.3	15.2	−14.4	—
第四次短路	—	—	20.3	−10.4	14	−13.9	—

四次短路电流最大峰值依次为 16.5kA，17.6kA，17.2kA，20.3kA，可见前三次功率较小，短路电流幅值近似相等，第四次功率较大，短路电流最大值也相应增大。

四次短路电流的频谱分析如表 4-19 所示。

表 4-19　四次短路电流频谱分析

短路次数	短路电流主频/Hz	短路电流次频/Hz
第一次短路	50	10
第二次短路	50	20、5
第三次短路	50	10
第四次短路	50	10

四次短路电流主频为 50Hz，此外还含有较多的 10Hz 及 20Hz 低频分量，稳态过程无高频分量。典型频谱图如图 4-37 所示。

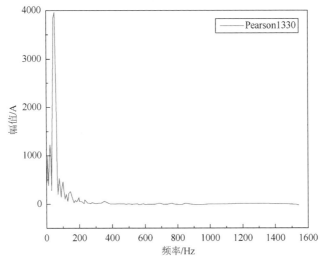

图 4-37　第二次短路电流频谱图（主频为 50Hz）

2. 短路电流在短路点杆塔上的分布情况

本次试验由于只测量了一边的地线电流，所以无法精确给出分流比，只能根据大致的推算给出近似分流比。表 4-20 给出短路点杆塔入地电流分流情况，表 4-21 给出短路点杆塔地线电流分流情况，其中，默认两根地线流过的电流相等，表 4-22 给出短路点杆塔总电流分流情况。其中，T1～T8 的位置说明由图 4-38 给出。在考虑分流时不考虑暂态冲击过程，只考虑以低频成分为主的暂态平缓过程下的分流系数。

表 4-20　短路点杆塔入地电流分流情况

短路次数	#204 杆塔入地电流/kA				
	T1	T2	T3	T4	数值和
第一次短路	0.8	−0.13	0.233	−0.183	0.72
第二次短路	0.063	−0.093	−0.117	0.187	0.04
第三次短路	未测到	−0.416	−0.077	0.165	—
第四次短路	0.8	−0.087	−0.123	0.2	0.79

表 4-21　短路点杆塔地线电流分流情况

短路次数	#204 杆塔地线电流/kA				
	T5	T6	T7	T8	数值和
第一次短路	2.2	3	3	2.2	10.4
第二次短路	2.2	3.2	3.2	2.2	10.8
第三次短路	2.2	3.2	3.2	2.2	10.8
第四次短路	2.7	3.9	3.9	2.7	13.2

表 4-22　短路点杆塔总电流分流情况

短路次数	短路电流/kA	杆塔入地电流/kA	杆塔入地电流比例/%	杆塔地线电流/kA	杆塔地线电流比例/%	剩余部分比例/%
第一次短路	16.5	0.72	4.36	10.4	63.03	32.60
第二次短路	17.6	0.04	0.23	10.8	61.36	38.41
第三次短路	17.2	—	—	10.8	62.79	37.21
第四次短路	20.3	0.79	0.04	13.2	65.02	31.08

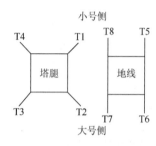

图 4-38　杆塔塔腿及地线标记说明

由表 4-20 可以看到，经过杆塔入地的电流很小，相比短路电流的幅值可忽略不计，其原因应为短路点杆塔地处采石场，大量开采挖土导致其接地装置存在不同程度的外露，不再良好地铺设于地下，即其接地电阻会变大，短路电流因此会更多地选择经地线通过周围杆塔入地而不是直接通过短路点杆塔入地。

表 4-21 中，T5、T6 实际并未测量，但其幅值应与 T7、T8 波形成比例，此处假设幅值比为 1∶1，从而得到地线分流比占短路电流的 60%左右。

表 4-23 为周围杆塔入地电流，可以看出，#150 塔虽与短路点相隔 30km，但仍有少量入地电流。此外，#150 塔虽然比#166 塔距离#204 塔更远，但其入地电流更大，是由于此时工频入地电流更多地由杆塔接地电阻决定，而传播时的衰减影响较小。

表 4-23　周围杆塔入地电流

短路次数	短路电流/kA	#203 塔入地电流/kA	#205 塔入地电流/kA	#166 塔入地电流/kA	#150 塔入地电流/kA
第一次短路	16.5	0.41	0.536	0.05	0.062
第二次短路	17.6	0.49	—	0.05	0.056
第三次短路	17.2	0.50	—	0.035	0.058
第四次短路	20.3	0.57	—	—	—

典型波形图如图 4-39、图 4-40 所示。

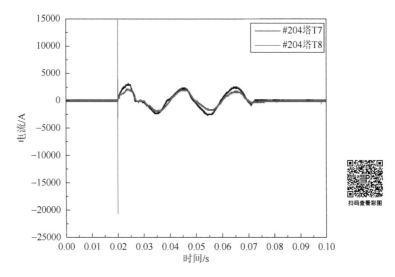

图 4-39　第二次短路试验短路点杆塔地线电流波形图

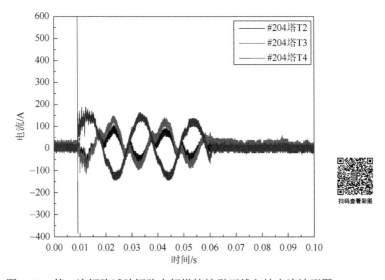

图 4-40　第二次短路试验短路点杆塔接地引下线入地电流波形图

短路点杆塔地线电流、短路点杆塔接地引下线入地电流、周围杆塔接地引下线入地电流的频谱分析分别如表 4-24～表 4-26 所示。

表 4-24　四次短路点杆塔地线电流频谱分析

短路次数	位置	主频/Hz	次频/Hz
第一次短路	#204 塔地线电流 T7	50	10
	#204 塔地线电流 T8	50	10
第二次短路	#204 塔地线电流 T7	50	20
	#204 塔地线电流 T8	50	20
第三次短路	#204 塔地线电流 T7	50	10
	#204 塔地线电流 T8	—	—
第四次短路	#204 塔地线电流 T7	50	10
	#204 塔地线电流 T8	50	0

表 4-25　四次短路点杆塔接地引下线入地电流频谱分析

短路次数	位置	主频/Hz	次频/Hz
第一次短路	#204 塔入地电流 T1	50	10
	#204 塔入地电流 T2	50	150
	#204 塔入地电流 T3	50	0
	#204 塔入地电流 T4	50	150
第二次短路	#204 塔入地电流 T1	—	—
	#204 塔入地电流 T2	50	0、150
	#204 塔入地电流 T3	50	0、150
	#204 塔入地电流 T4	50	20
第三次短路	#204 塔入地电流 T1	—	—
	#204 塔入地电流 T2	50	10
	#204 塔入地电流 T3	50	10
	#204 塔入地电流 T4	50	10
第四次短路	#204 塔入地电流 T1	50	10
	#204 塔入地电流 T2	50	10
	#204 塔入地电流 T3	50	10
	#204 塔入地电流 T4	50	10

表 4-26　四次周围杆塔接地引下线入地电流频谱分析

短路次数	位置	主频/Hz	次频/Hz
第一次短路	#203 塔入地电流	50	10
	#205 塔入地电流	50	10
	#166 塔入地电流	50	0、20
	#150 塔入地电流	50	10

续表

短路次数	位置	主频/Hz	次频/Hz
第二次短路	#203 塔入地电流	50	20
	#166 塔入地电流	50	20、0
	#150 塔入地电流	50	20
第三次短路	#203 塔入地电流	50	10
	#166 塔入地电流	50	10
	#150 塔入地电流	50	10
第四次短路	#203 塔入地电流	—	—
	#166 塔入地电流	—	—
	#150 塔入地电流	—	—

由表 4-24～表 4-26 可见，各电流频谱与短路电流基本保持一致，以 50Hz 为主频，并含有部分直流，10Hz、20Hz 的低频分量。其中，#204 塔地线电流 T8 第三次短路、#204 塔入地电流 T1 第二次、第三次短路没有频率分析是现场测量原因导致波形存在误差，#204 塔地线电流 T8 的 CT 悬挂在地线上，无法每次做实验前进行调整，经雨水打湿后可能会导致一定的误差。#204 塔入地电流 T1 的 CT 则是和短路电流铜线接在同一个接地引下线上，存在一定的影响，并可能发生放电导致接地引下线上的波形为一系列的脉冲，且第三次、第四次试验短路电流铜线与接地引下线相连处还发生烧断的情况。

4.2.5　短路电流在周围杆塔入地分布特点

表 4-27 为四次短路试验#203 杆塔测量得到的入地电流。

表 4-27　四次短路试验#203 杆塔测量得到的入地电流

短路次数	#203 接地引下线电流/kA	短路电流/kA	占短路电流比例/%	误差/%
第一次短路	0.41	16.5	2.485	0
第二次短路	0.47（四塔腿数值和）	16.4	2.866	15.33
第三次短路	0.505（四塔腿数值和）	17.2	2.936	18.16
第四次短路	0.57（四塔腿数值和）	20.3	2.808	13.00

第一次短路试验时，#203 塔仅测量了一个接地引下线，其余三个断开，后三次短路试验时，则同时测量了四个接地引下线。由表 4-27 可得，将后三次的入地

电流数值相加，作为当次总的入地电流，再将四次#203塔引下线电流除以对应的短路电流，得到引下线电流占短路电流的比例，再将各比例进行误差比较，最终误差小于20%，处于可接受范围内。因此，可以认为测量周围杆塔接地引下线电流时，断开三个接地引下线，仅需测量一个接地引下线即可，其测量结果等同于同时测量四个接地引下线。此举可大量减少CT的使用量。

第5章　串补工程短路接地试验暂态电压测试与应用

5.1　串补装置暂态电压测试方法

为提高输电线路的输送能量，在线路中增加串补装置，同时为限制过电压，在串补的一端还安装高抗。典型的串补站和串补对测站接线如图 5-1 所示，为此相应的过电压测试方法中串补站和对测站的接线方式类型。设备的参数同直流滤波器的测试，在本节中不再赘述。

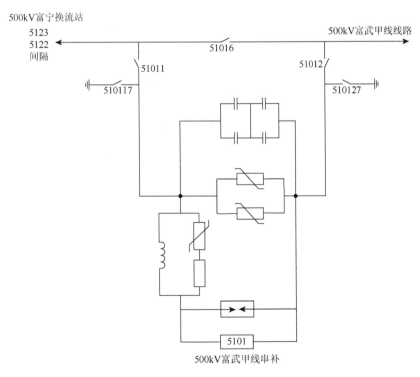

图 5-1　典型的串补站和串补对测站接线

富宁换流站、武平变电站的测试接线原理分别如图 5-2 和图 5-3 所示。

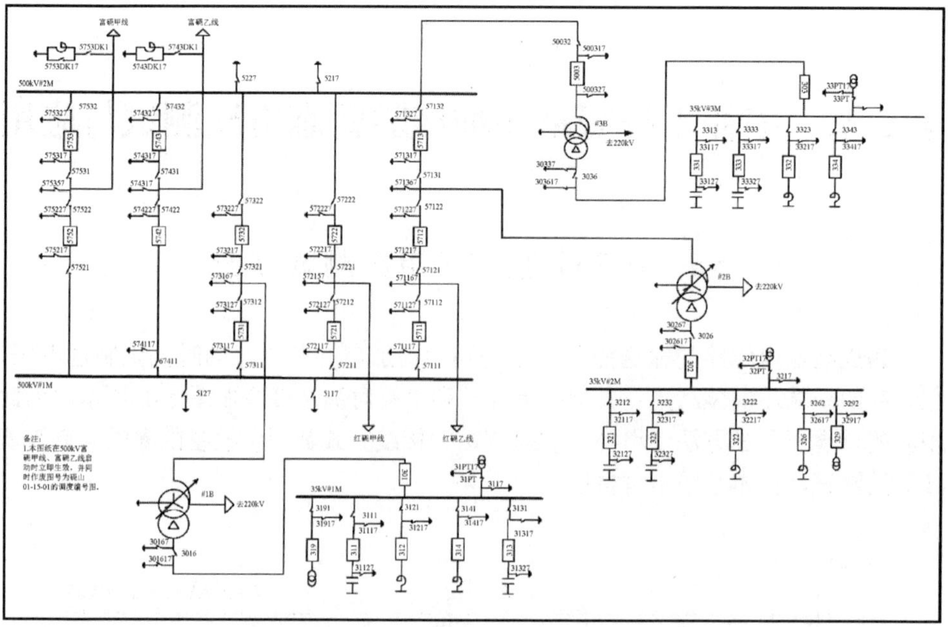

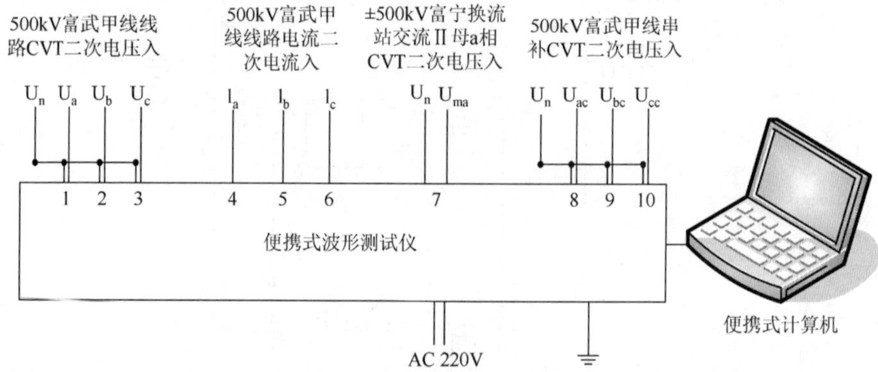

图 5-2　富宁换流站测试接线原理

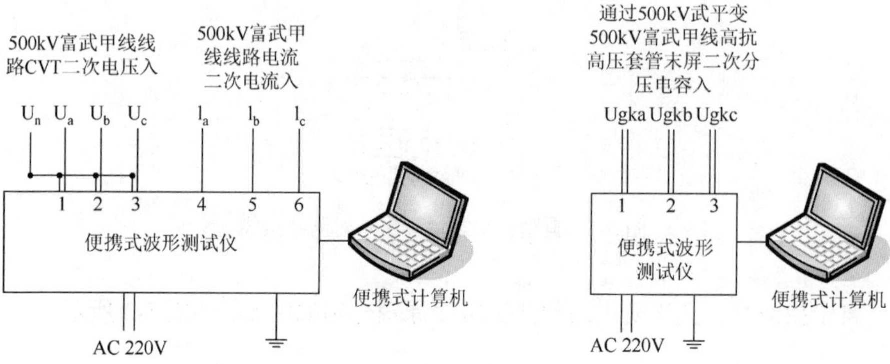

图 5-3　武平变电站测试接线原理

5.2　串补装置暂态电压测试与应用

1. 500kV 富武甲线串补 a 相瞬时接地故障试验

1）武平变电站测试数据

在 500kV 富武甲线串补 a 相瞬时接地故障试验时，武平变电站所录波形结果如表 5-1 和图 5-4 所示。

表 5-1　500kV 富武甲线串补 a 相瞬时接地故障试验武平变电站测量结果

		有效值/kV	
短路前稳态	武平变电站富武甲线 CVT a 相电压		308.36
	武平变电站富武甲线 CVT b 相电压		307.42
	武平变电站富武甲线 CVT c 相电压		307.12
		有效值/kV	
重合后稳态	武平变电站富武甲线 CVT a 相电压		308.51
	武平变电站富武甲线 CVT b 相电压		308.13
	武平变电站富武甲线 CVT c 相电压		307.44
		峰值/kV	过电压倍数
暂态过程	武平变电站富武甲线 CVT a 相电压	465.22	1.036
	武平变电站富武甲线 CVT b 相电压	475.35	1.058
	武平变电站富武甲线 CVT c 相电压	478.28	1.060

2）富宁换流站测试数据

在 500kV 富武甲线串补 a 相瞬时接地故障试验时，富宁换流站所录波形结果如表 5-2 和图 5-5 所示。

在 500kV 富武甲线串补 a 相瞬时接地故障发生后，非故障的 b、c 两相出现工频电压升高现象，富宁侧过电压倍数 b 相达到 1.253 倍，c 相达到 1.159 倍；同时 a 相短路电流最大富宁换流站侧为 9.938kA（峰值），武平变电站侧达 6.153kA（峰值），故障切除后非故障的 b、c 两相电压恢复。

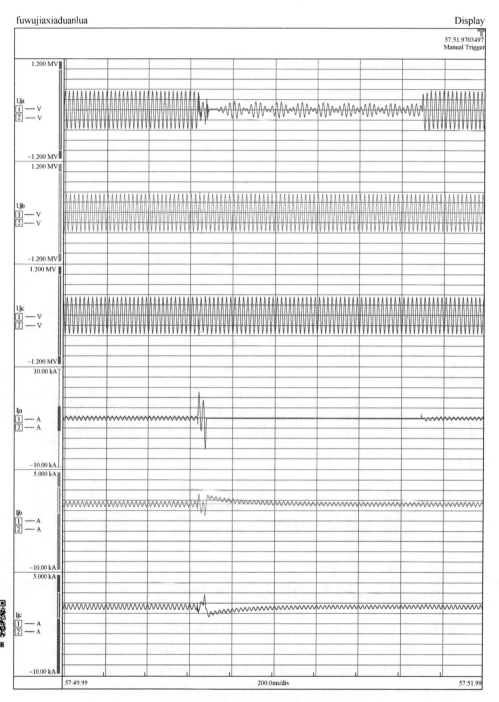

图 5-4　a 相瞬时接地故障试验时武平变电站所录波形

表 5-2　500kV 富武甲线串补 a 相瞬时接地故障试验富宁换流站测量结果

		有效值/kV		有效值/A	
a 相短路前稳态	富宁换流站富武甲线 CVT a 相电压	310.94		富宁换流站富武甲线 a 相电流	223
	富宁换流站富武甲线 CVT b 相电压	311.68		富宁换流站富武甲线 b 相电流	225
	富宁换流站富武甲线 CVT c 相电压	309.46		富宁换流站富武甲线 c 相电流	225
	母线电压（a 相）	312.12		—	
		有效值/kV		有效值/A	
a 相重合闸后稳态	富宁换流站富武甲线 CVT a 相电压	312.80		富宁换流站富武甲线 a 相电流	189
	富宁换流站富武甲线 CVT b 相电压	312.47		富宁换流站富武甲线 b 相电流	182
	富宁换流站富武甲线 CVT c 相电压	309.88		富宁换流站富武甲线 c 相电流	182
	母线电压（a 相）	313.18		—	
		峰值/kV	过电压倍数	峰值/A	
a 相短路暂态过程	富宁换流站富武甲线 CVT a 相电压	447.12	0.996	富宁换流站富武甲线 a 相电流	9938
	富宁换流站富武甲线 CVT b 相电压	562.62	1.253	富宁换流站富武甲线 b 相电流	2249
	富宁换流站富武甲线 CVT c 相电压	520.62	1.159	富宁换流站富武甲线 c 相电流	1870
		峰值/kV	过电压倍数	峰值/A	
a 相重合闸暂态过程	富宁换流站富武甲线 CVT a 相电压	501.38	1.116	富宁换流站富武甲线 a 相电流	472
	富宁换流站富武甲线 CVT b 相电压	455.00	1.013	富宁换流站富武甲线 b 相电流	525
	富宁换流站富武甲线 CVT c 相电压	448.00	0.998	富宁换流站富武甲线 c 相电流	560

2. 500kV 富武甲线串补 b 相瞬时接地故障试验

1）武平变电站测试数据

在 500kV 富武甲线串补 b 相瞬时接地故障试验时，武平变电站所录波形结果如表 5-3 和图 5-6 所示。

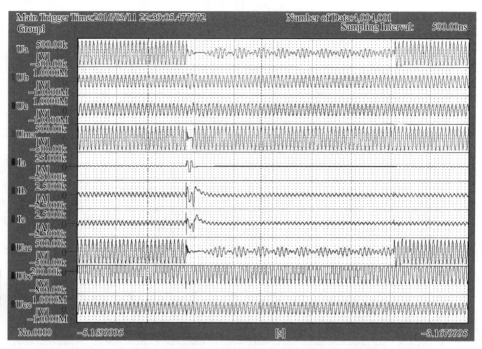

图 5-5　500kV 富武甲线串补 a 相瞬时接地故障试验富宁换流站试验波形

表 5-3　500kV 富武甲线串补 b 相瞬时接地故障试验武平变电站测量结果

	有效值/kV		
短路前稳态	武平变电站富武甲线 CVT a 相电压		307.83
	武平变电站富武甲线 CVT b 相电压		307.68
	武平变电站富武甲线 CVT c 相电压		307.93
	有效值/kV		
重合后稳态	武平变电站富武甲线 CVT a 相电压		308.14
	武平变电站富武甲线 CVT b 相电压		308.57
	武平变电站富武甲线 CVT c 相电压		307.69
	峰值/kV		过电压倍数
暂态过程	武平变电站富武甲线 CVT a 相电压	487.45	1.085
	武平变电站富武甲线 CVT b 相电压	463.56	1.031
	武平变电站富武甲线 CVT c 相电压	513.82	1.142

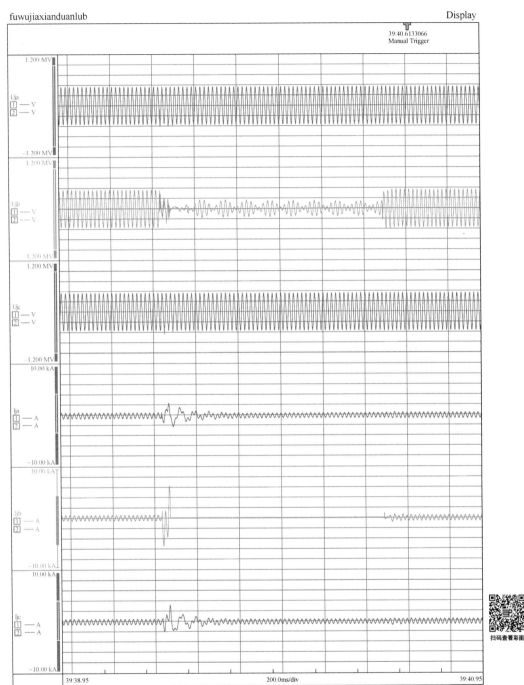

图 5-6 b 相瞬时接地故障试验时武平变电站试验波形

2）富宁换流站测试数据

在 500kV 富武甲线串补 b 相瞬时接地故障试验时，富宁换流站所录波形结果如表 5-4 和图 5-7 所示。

表 5-4　500kV 富武甲线串补 b 相瞬时接地故障试验富宁换流站测量结果

	有效值/kV		有效值/A	
b 相短路前稳态	富宁换流站富武甲线 CVT a 相电压	309.74	富宁换流站富武甲线 a 相电流	364
	富宁换流站富武甲线 CVT b 相电压	308.11	富宁换流站富武甲线 b 相电流	353
	富宁换流站富武甲线 CVT c 相电压	307.70	富宁换流站富武甲线 c 相电流	367
	母线电压（a 相）	311.30	—	
	有效值/kV		有效值/A	
b 相重合闸后稳态	富宁换流站富武甲线 CVT a 相电压	308.92	富宁换流站富武甲线 a 相电流	367
	富宁换流站富武甲线 CVT b 相电压	310.9	富宁换流站富武甲线 b 相电流	358
	富宁换流站富武甲线 CVT c 相电压	309.11	富宁换流站富武甲线 c 相电流	365
	母线电压（a 相）	310.49	—	
	峰值/kV	过电压倍数	峰值/A	
b 相短路暂态过程	富宁换流站富武甲线 CVT a 相电压	589.75	1.313	富宁换流站富武甲线 a 相电流	2960
	富宁换流站富武甲线 CVT b 相电压	458.50	1.021	富宁换流站富武甲线 b 相电流	21147
	富宁换流站富武甲线 CVT c 相电压	644.88	1.436	富宁换流站富武甲线 c 相电流	2986
	峰值/kV	过电压倍数	峰值/A	
b 相重合闸暂态过程	富宁换流站富武甲线 CVT a 相电压	450.63	1.003	富宁换流站富武甲线 a 相电流	720
	富宁换流站富武甲线 CVT b 相电压	493.50	1.099	富宁换流站富武甲线 b 相电流	880
	富宁换流站富武甲线 CVT c 相电压	461.13	1.027	富宁换流站富武甲线 c 相电流	1047

在 500kV 富武甲线串补 b 相瞬时接地故障发生后，非故障的 a、c 两相出现工频电压升高现象，富宁侧过电压倍数 a 相达 1.313 倍，c 相达 1.436 倍；同时 b 相短路电流最大富宁换流站侧达 21.147kA（峰值）、武平变电站侧达 6.310kA（峰值），故障切除后非故障的 a、c 两相电压恢复。

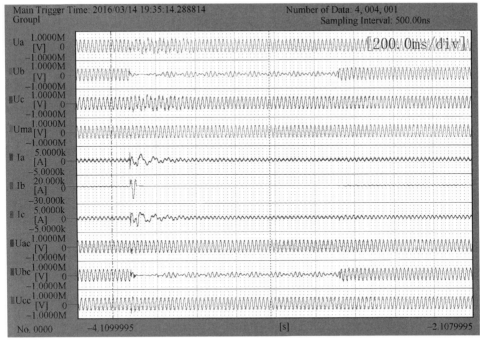

图 5-7　500kV 富武甲线串补 b 相瞬时接地故障试验富宁换流站试验波形

3. 500kV 富武甲线串补 c 相瞬时接地故障试验

1）武平变电站测试数据

在 500kV 富武甲线串补 c 相瞬时接地故障试验时，武平变电站所录波形结果表 5-5 和图 5-8 所示。

表 5-5　500kV 富武甲线串补 c 相瞬时接地故障试验武平变电站测量结果

	有效值/kV	
短路前稳态	武平变电站富武甲线 CVT a 相电压	306.99
	武平变电站富武甲线 CVT b 相电压	308.13
	武平变电站富武甲线 CVT c 相电压	307.26
	有效值/kV	
重合后稳态	武平变电站富武甲线 CVT a 相电压	308.16
	武平变电站富武甲线 CVT b 相电压	307.53
	武平变电站富武甲线 CVT c 相电压	307.27
	峰值/kV	过电压倍数
暂态过程	武平变电站富武甲线 CVT a 相电压	498.33	1.109
	武平变电站富武甲线 CVT b 相电压	525.48	1.169
	武平变电站富武甲线 CVT c 相电压	439.38	0.978

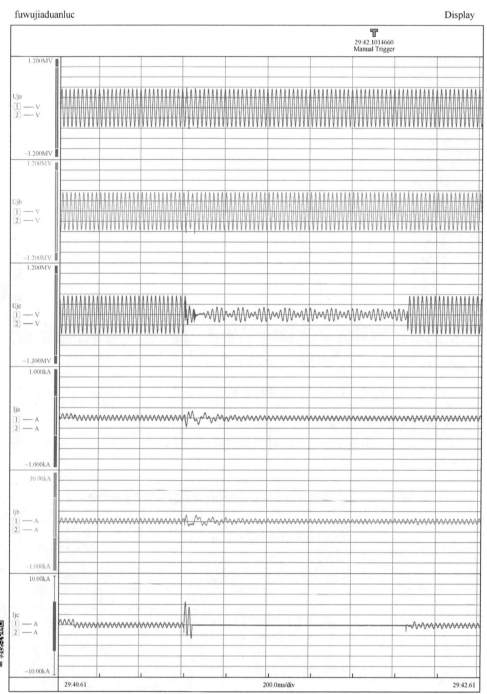

图 5-8　c 相瞬时接地故障试验时武平变电站所录波形

2）富宁换流站测试数据

在 500kV 富武甲线串补 c 相瞬时接地故障试验时，富宁换流站所录波形资料结果表 5-6 和图 5-9 所示。

表 5-6　500kV 富武甲线串补 c 相瞬时接地故障试验富宁换流站测量结果

	有效值/kV		有效值/A	
c 相短路前稳态	富宁换流站富武甲线 CVT a 相电压	310.84	富宁换流站富武甲线 a 相电流	349
	富宁换流站富武甲线 CVT b 相电压	309.71	富宁换流站富武甲线 b 相电流	329
	富宁换流站富武甲线 CVT c 相电压	308.41	富宁换流站富武甲线 c 相电流	342
	母线电压（a 相）	312.59	——	
	有效值/kV		有效值/A	
c 相重合闸后稳态	富宁换流站富武甲线 CVT a 相电压	311.14	富宁换流站富武甲线 a 相电流	344
	富宁换流站富武甲线 CVT b 相电压	309.51	富宁换流站富武甲线 b 相电流	328
	富宁换流站富武甲线 CVT c 相电压	308.31	富宁换流站富武甲线 c 相电流	338
	母线电压（a 相）	312.82	—	
	峰值/kV	过电压倍数	峰值/A	
c 相短路暂态过程	富宁换流站富武甲线 CVT a 相电压	620.37	1.381	富宁换流站富武甲线 a 相电流	2907
	富宁换流站富武甲线 CVT b 相电压	524.13	1.167	富宁换流站富武甲线 b 相电流	2613
	富宁换流站富武甲线 CVT c 相电压	508.50	1.114	富宁换流站富武甲线 c 相电流	20987
	峰值/kV	过电压倍数	峰值/A	
c 相重合闸暂态过程	富宁换流站富武甲线 CVT a 相电压	448.875	1.000	富宁换流站富武甲线 a 相电流	853
	富宁换流站富武甲线 CVT b 相电压	464.625	1.035	富宁换流站富武甲线 b 相电流	693
	富宁换流站富武甲线 CVT c 相电压	448.0035	0.998	富宁换流站富武甲线 c 相电流	960

在 500kV 富武甲线串补 c 相瞬时接地故障发生后，非故障的 a、b 两相出现工频电压升高现象，过电压倍数 a 相达到 1.381 倍，b 相达到 1.167 倍；同时 c 相短路电流最大富宁换流站侧达到 20.987kA、武平变电站侧达到 4.560kA（峰值），故障切除后非故障的 a、b 两相电压恢复正常。

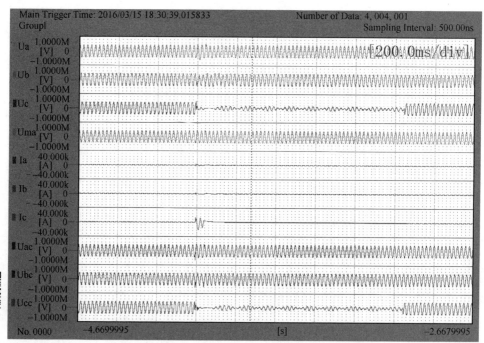

图 5-9　500kV 富武甲线串补 c 相瞬时接地故障试验富宁换流站试验波形

5.3　串补站接地网暂态参数测试与应用

短路对地电位升的测量包括两个方面,一方面是杆塔处地电位升的测量,另一方面是变电站处地电位升的测量。对于杆塔处的地电位升测量,可将短路电流与杆塔连接处的电位与距离杆塔 100m 远处的电位差作为短路点地电位升,用胶皮导线将短路电流与杆塔连接处的电位引至高压探头芯处,将距离杆塔 100m 远处的电位引至高压探头的地,高压探头输出接至示波记录仪,UPS 供电。地电位需要用铁钉打入地下,再将胶皮导线剥去胶皮,让导线中的金属部分与铁钉良好接触并固定。

在人工短路接地试验时,短路电流流向无穷远处,没有电流流回辅助的电流极,此时不能像传统的地网参数测试时通过合适的位置进行测量。

在线路短路时测量地电位升与传统的接地阻抗测试时的地电位升测试不同,对于站内地电位升的测量,可采用如下的步骤:

(1)选取两个或两个以上的电位测点。

(2)测量每个所述电位测点与接地装置电流流入地之间的距离及地电位差。

(3)根据所述距离与所述地电位差,确定所述距离与地电位差之间的函数关系。

选择反比例函数 $V_{(x)} = a - \dfrac{b}{x}$ 作为基础函数，其中，x 为电位测点与接地装置电流流入地之间的距离，$V_{(x)}$ 为相应电位测点与接地装置电流流入地之间的电位差，a、b 为待定参数；

根据所述距离与地电位差，确定所述待定参数 a、b 的最佳拟合数值。

将所述待定参数 a、b 的最佳拟合数值代入所述基础函数中，确定所述距离与地电位差之间的函数关系式。

在实际的测试过程中，选取了距离地网外侧 500m、1000m 处两个点作为补充测试位置进行测试。如果有多次人工短路接地试验的机会，可以选择多组测试方法进行测试。

变电站二次设备有较多的电缆，不同的电缆所处的位置不同。测试的时候为保障测试的安全，铺设二次电缆进行模拟测试。二次电缆采用同轴电缆，在 500kV 侧和小室之间传输继电器控制信号及 500kV 进线处电流、电压互感器的采样信号，加上二次电缆有单端接地和双端接地两种接地方式，因此考虑各种组合方式，电缆布置情况见表 5-7。两端不同的输入阻抗代表不同的工况，接入 1MΩ 的电阻对应各类电子设备的输入阻抗，50Ω 用来模拟 CT 的输入阻抗。

表 5-7　二次电缆耦合电压测量接线方案

电缆编号	接地方式	两端接入电阻
1	500kV 接地，小室不接地	500kV 侧 50Ω，小室 1MΩ
2	500kV 接地，小室不接地	500kV 侧 1MΩ，小室 1MΩ
3	500kV 接地，小室接地	500kV 侧 1MΩ，小室 1MΩ
4	500kV 不接地，小室接地	500kV 侧 1MΩ，小室 1MΩ

三次短路试验的短路点杆塔地电位升波形如图 5-10 所示，其暂态冲击过程峰值及暂态平缓过程幅值如表 5-8 所示。

表 5-8　三次短路试验杆塔地电位升幅值

短路次数	暂态冲击过程峰值短路点地电位升/kV		暂态平缓过程短路点地电位升/kV				
	最大值	最小值	第一个	第二个	第三个	第四个	第五个
第一次短路	60	−4.8	8.64	−8.64	7.68	−7.68	7.2
第二次短路	7.25	0	1.5	−1.25	1.25	−1.25	—
第三次短路	8.2	0	1.8	−1.4	1.2	−1.2	1.2

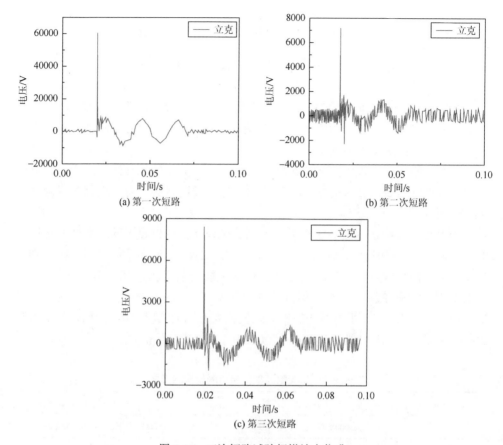

(a) 第一次短路　　　　　　　　　　　　　　(b) 第二次短路

(c) 第三次短路

图 5-10　三次短路试验杆塔地电位升

　　三次短路的地电位升波形形状相差不大，但幅值相差较大，地电位升的暂态平缓过程幅值最大值分别为 8.64kV、1.5kV、1.8kV，后两次较为接近，与第一次有很大的差别，其原因为乙线和甲线短路时，虽选用同一基杆塔作为短路电流通道，但是两次短路电流流过的接地引下线是不同的，且两次地电位升的放线选址也不同，更由于短路电流幅值等问题，从而导致最终幅值上的差别。第二、三次短路都是甲线 a 相短路，也可见其数据较为接近。

　　三次短路试验短路点杆塔地电位升的频谱分析如表 5-9 所示。

表 5-9　三次短路试验短路点杆塔地电位升的频谱分析

短路次数	主频#204 塔地电位升/Hz	次频#204 塔地电位升/Hz
第一次短路	50	—
第二次短路	50	530
第三次短路	50	20、530

同样，地电位升频谱与短路电流保持一致，主频为 50Hz，包含部分 20Hz 的低频分量及 530Hz 的中频分量。

5.3.1 　串补站地电位升

串补站 1000m 地电位升的参考电位选为甲乙线龙门架接地引下线处电位，芯则为 1000m 外的地电位；串补站 1000m 地电位升的参考电位选为甲乙线龙门架接地引下线处电位，芯则为 500m 外的地电位；串补站对角线地电位升的参考电位选为甲乙线龙门架接地引下线处电位，芯为变电站对角 220kV 龙门架接地引下线处电位；串补站两站交界地电位升的参考电位选为甲乙线龙门架接地引下线处电位，芯为串补站与变电站交界处龙门架接地引下线处电位。

各次短路试验串补站地电位升如表 5-10 所示。

表 5-10 　三次短路试验串补站地电位升

测试距离	第一次短路地电位测量量/kV	第二次短路地电位测量量/kV	第三次短路地电位测量量/kV
1000m	0.8	—	0.867
500m	0.6	0.133	0.66
对角线	0.7	—	0.673
两站交界	—	—	0.653

理想情况下，四个地电位升大小排序应为 1000m＞500m＞对角线＞两站交界，但实测情况下的结果为 1000m＞对角线＞500m＞两站交界，可以看出，两站地网虽然相连，但是由于地网过大，无法统一电位，仍会产生与 500m 远处类似甚至更高的电位差，这点值得关注。

此外，三次短路试验，串补站地电位升都未超过 1kV。

表 5-11 给出地电位升的频谱整理。

表 5-11 　三次短路试验串补站地电位升频谱分析

测试距离	第一次短路地电位升频率/Hz		第二次短路地电位升频率/Hz		第三次短路地电位升频率/Hz	
	主频	次频	主频	次频	主频	次频
1000m	50	20	—	—	50	20
500m	50	20	50	10、530	50	20
对角线	50	0	—	—	50	20
两站交界	—	—	—	—	50	20

可见，地电位升频谱主频同样为 50Hz，包含少量 10Hz、20Hz、530Hz 分量。

5.3.2　串补站跨步电压

第二次短路试验时，在串补站围墙旁的石子地上进行了跨步电压测试。摆放位置如图 5-11 所示。

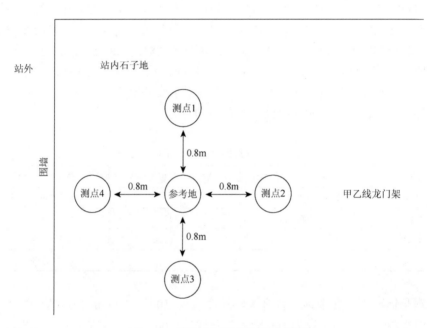

图 5-11　跨步电压测量位置示意图

测得的跨步电压最大值整理如表 5-12 所示，波形如图 5-12 所示。

表 5-12　第二次短路串补站跨步电压峰值

测试位置	第二次短路测量量最大值/V	是否超过规定值 80V
跨步电压 1	25.2	否
跨步电压 2	19.4	否
跨步电压 3	16.4	否
跨步电压 4	12	否

综上可见，跨步电压波形在四个方向上都极为相似，只是幅值略有差别，最大值为 25.5V，方向与进线平行。

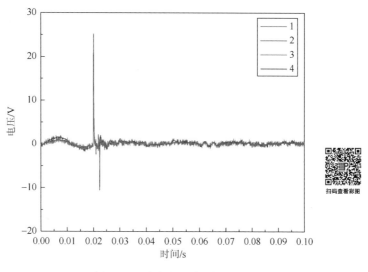

图 5-12　跨步电压波形图

短路过程包括暂态冲击过程及暂态平缓过程，暂态冲击过程持续 0.1ms，暂态平缓过程持续约 50ms。

富砚甲线三次短路电流暂态平缓过程峰值分别为 20.3kA，25.5kA，22.93kA。

电流进站后，一部分电流会沿着串补站侧面龙门架地线再进入变电站，这部分电流中有一定分量会在两站间的杆塔处入地。

甲乙线龙门架及侧面龙门架都存在环流现象，电流进站后只有小部分沿着甲乙线龙门架直接入地。

串补站地电位升大小排序为 1000m＞对角线＞500m＞两站交界，由于地网过大，在短路瞬时串补站和变电站的地网并不是等电位，而是存在电位差的。

串补站 4 个不同方向的跨步电压波形相似，仅幅值稍有差别，最大值为 25.2V，处于安全范围内。

参 考 文 献

陈讯，饶章权，李浩坤，等，2009. 一种用于高压线路人工短路试验的气动发射装置[P]. CN201215577Y.

国家能源局，2009. 高压直流输电工程系统试验规程：DL/T 1130—2009[S]. 北京：中国标准出版社.

国家能源局，2013a. 1000kV 交流输变电工程系统调试规程：DL/T 5292—2013[S]. 北京：中国电力出版社.

国家能源局，2013b. 500kV 串联电容器补偿装置系统调试规程：DL/T 1304—2013[S]. 北京：中国电力出版社.

何金良，张波，曾嵘，等，2009. 1000kV 特高压变电站接地系统的设计[J]. 中国电机工程学报，29（7）：7-12.

李谦，蒋愉宽，肖磊石，2013. 变电站内短路电流分流系数实测和分析[J]. 电网技术，37（7）：2060-2065.

刘药，蒋卫平，李新年，等，2013. 一种用于高压线路人工短路试验的气动发射装置[P]. CN103454457A.

马御棠，黄然，2014. 普洱换流站极 2 阀组 2 及极 2 双阀组调试过电压测试报告[R]. 昆明：云南电力试验研究院集团有限公司电力研究院.

马御棠，袁磊，毕天能，等，2015. 普洱换流站双极三组和双极四阀组调试过电压测试[R]. 昆明：云南电力试验研究院集团有限公司电力研究院.

马御棠，张波，2016a. 500kV 永富直流双极瞬时接地故障（线路中央）试验方案[R]. 昆明：云南电网有限责任公司电力科学研究院.

马御棠，张波，2016b. 富宁换流站串补人工短路试验电流分布及分流系数测试工作方案[R]. 昆明：云南电网有限责任公司电力科学研究院.

马御棠，张波，2016c. 富宁换流站永富直流线路极 I 人工短路试验时地网参数测试工作方案[R]. 昆明：云南电网有限责任公司电力科学研究院.

马御棠，张波，2016d. 富宁换流站永富直流线路极 II 人工短路试验时地网参数测试工作方案[R]. 昆明：云南电网有限责任公司电力科学研究院.

马御棠，张波，2016e. 砚山串补站人工短路试验电流分布及分流系数测试工作方案[R]. 昆明：云南电网有限责任公司电力科学研究院.

马御棠，张波，黑颖顿，等，2017. 基于人工短路试验的地网分流评估及应用[R]. 昆明：云南电网有限责任公司电力科学研究院，清华大学.

马御棠，张波，周仿荣，等，2017. 基于人工短路试验的大型接地网特性参数测试技术研究[R]. 昆明：云南电网有限责任公司电力科学研究院，清华大学.

马御棠，周仿荣，2016a. 500kV 富砚甲线砚山串补工程启动投产方案[R]. 昆明：云南电网有限责任公司电力科学研究院.

马御棠，周仿荣，2016b. 500kV 富砚乙线砚山串补工程启动投产方案[R]. 昆明：云南电网有限责任公司电力科学研究院.

马御棠,周仿荣,2015. 普洱换流站直流人工短路试验电流分布及分流系数测试工作方案[R]. 昆明:云南电力试验研究院集团有限公司电力研究院.

孟庆东,宣金泉,杨文强,等,2006. 高压电力线路的接地故障试验装置[P]. CN2752783Y.

王磊,陈晶,2010. 云广直流楚雄换流站极Ⅱ高端调试过电压测试部分试验报告[R]. 昆明:云南电力试验研究院集团有限公司电力研究院.

王磊,李秉睿,2010. 云广直流楚雄换流站极Ⅱ低端调试过电压测试部分试验报告[R]. 昆明:云南电力试验研究院集团有限公司电力研究院.

王磊,张恭源,2010. 云广直流楚雄换流站极Ⅱ高端调试交流滤波器过压测试部分试验[R]. 昆明:云南电力试验研究院集团有限公司电力研究院.

肖磊石,李明,何衍和,等,2015. 南方电网输电线路瞬时人工接地短路试验[J]. 南方电网技术,9(3):63-67.

张恭源,钱国超,2010. 云广直流楚雄换流站极Ⅱ低端调试交流滤波器过电压测试部分试验报告[R]. 昆明:云南电力试验研究院集团有限公司电力研究院.

张恭源,钟剑明,余辉,等,2011. 一种便携式人工短路试验发射装置[P]. CN201716374U.

中华人民共和国住房和城乡建设部,2012. 交流电气装置的接地设计规范:GB/T 50065—2011[S]. 北京:中国标准出版社.

中华人民共和国住房和城乡建设部,2018. 电气装置安装工程 电缆线路施工及验收标准:GB 50168—2018[S]. 北京:中国计划出版社.

周仿荣,马御棠,2016. 500kV富宁串补工程富武双回线启动投产系统调试工作方案[R]. 昆明:云南电网有限责任公司电力科学研究院.

周仿荣,马御棠,2017a. 220kV怒江福剑线串补启动方案[R]. 昆明:云南电网有限责任公司电力科学研究院.

周仿荣,马御棠,2017b. 220kV怒江兰福线串补启动方案[R]. 昆明:云南电网有限责任公司电力科学研究院.